Teubner Studienbücher Angewandte Physik

H.-G. Wagemann/H. Eschrich
Grundlagen der photovoltaischen
Energiewandlung

Teubner Studienbücher
Angewandte Physik

Herausgegeben von

Prof. Dr. rer. nat. Andreas Schlachetzki, Braunschweig
Prof. Dr. rer. nat. Max Schulz, Erlangen

Die Reihe „Angewandte Physik" befaßt sich mit Themen aus dem Grenzgebiet zwischen der Physik und den Ingenieurwissenschaften. Inhalt sind die allgemeinen Grundprinzipien der Anwendung von Naturgesetzen zur Lösung von Problemen, die sich dem Physiker und Ingenieur in der praktischen Arbeit stellen. Es wird ein breites Spektrum von Gebieten dargestellt, die durch die Nutzung physikalischer Vorstellungen und Methoden charakterisiert sind. Die Buchreihe richtet sich an Physiker und Ingenieure, wobei die einzelnen Bände der Reihe ebenso neben und zu Vorlesungen als auch zur Weiterbildung verwendet werden können.

Grundlagen der photovoltaischen Energiewandlung

Solarstrahlung, Halbleitereigenschaften und Solarzellenkonzepte

Von Prof. Dr.-Ing. Hans-Günther Wagemann
Technische Universität Berlin

und Dr.-Ing. Heinz Eschrich
Hahn-Meitner-Institut, Berlin

Mit 88 Abbildungen

B. G. Teubner Stuttgart 1994

Prof. Dr.-Ing. Hans-Günther Wagemann

Geboren 1935 in Soest/Westf., von 1958 bis 1965 Studium der Physik an der Technischen Universität Berlin, danach wiss. Mitarbeiter am Hahn-Meitner-Institut Berlin auf dem Gebiet der Betriebssicherheit von Halbleiterbauelementen (z.B. Solarzellen) in Weltraumsatelliten. Seit 1977 Professor für Halbleitertechnik im Fachbereich Elektrotechnik der Technischen Universität Berlin.

Dr.-Ing. Heinz Eschrich

Geboren 1960 in Berlin, Studium der Elektrotechnik an der Technischen Universität Berlin, Diplom 1987 und Promotion 1992 bei Prof. H.G. Wagemann am Institut für Werkstoffe der Elektrotechnik der TU Berlin. Seit 1993 wiss. Mitarbeiter am Hahn-Meitner-Institut, Berlin, für die Entwicklung siliziumbasierter Solarzellen mit Heterostrukturen.

Die Deutsche Bibliothek – CIP-Einheitsaufnahme

Wagemann, Hans G.:
Grundlagen der photovoltaischen Energiewandlung :
Solarstrahlung, Halbleitereigenschaften und
Solarzellenkonzepte / von Hans-Günther Wagemann und Heinz
Eschrich. – Stuttgart : Teubner, 1994
  (Teubner-Studienbücher : Angewandte Physik)
  ISBN 978-3-519-03218-2   ISBN 978-3-322-94731-4 (eBook)
  DOI 10.1007/978-3-322-94731-4
NE: Eschrich, Heinz:

Die güld'ne Sonne

voll Freud' und Wonne

bringt uns'ren Grenzen

mit ihrem Glänzen

ein herzerquickendes, liebliches Licht.

Mein Haupt und Glieder,

die lagen darnieder;

aber nun steh' ich,

bin munter und fröhlich,

schaue den Himmel mit meinem Gesicht.

Paul Gerhardt   1666

Vorwort

Die Strahlungsenergie unserer Sonne ist die einzige unerschöpfliche Energiequelle der Menschheit. Täglich erreicht ein Vieltausendfaches des menschlichen Bedarfs an Primärenergie in Form elektromagnetischer Strahlung die Erde. Sie wird hier, mit Ausnahme der chemisch-biologischen Wandlung im Prozeß der Photosynthese, ohne Zwischenschritte in die geringwertige Energieform Wärme umgewandelt. Die direkte Energiewandlung der Sonnenstrahlung in Elektrizität mittels der Photovoltaik erhält uns die ursprünglich hochwertige Form der Energie.

Unsere Energiewirtschaft macht nur sehr zögerlich Gebrauch von dieser neuen Art der Energiewandlung. Dies hat mehrere Gründe. Zunächst einmal ist die Energiedichte der Sonnenstrahlung auf der Erde, verglichen mit z.B. dem Energiefluß im Brennraum einer Turbine, gering. Photovoltaik erfordert eine dezentrale Versorgung und damit eine umfassende Umstrukturierung dieses bedeutenden Wirtschaftszweiges. Darüberhinaus sind Solarzellen als photovoltaische Energiewandler und folglich die mit ihrer Hilfe gewonnene Elektrizität noch sehr teuer, so daß diese bislang wirtschaftlich nicht mit anderen (vielfältig subventionierten) Techniken der Energiewandlung konkurrieren können. Schließlich fehlt der entschlossene Wille der Energiewirtschaft, durch photovoltaische Großprojekte, die zweifellos zunächst unwirtschaftlich wären, die Massenproduktion zu fördern und damit den Solarzellenpreis zu senken. Man setzt lieber weiterhin auf die Verbrennung fossiler Energieträger. Die Folgen sind zunehmende Beeinträchtigungen unseres Lebensraumes durch Umweltverschmutzung, Ozonloch und Treibhauseffekt sowie ein wachsender finanzieller Aufwand für die Bewältigung der Folgen.

Vorwort

Neben anderen regenerativen Energiequellen wie Wasser, Wind, Solarthermik und Biomasse bietet auch die Photovoltaik die Chance, einen Anteil für die Energieversorgung der Zukunft beizusteuern. Dafür sind mit staatlicher Förderung (jährlich ca. 180 Mio. DM aus Bundesmitteln) einige Pilotkraftwerke entstanden, ebenso sind im Tausend-Dächer-Programm zahlreiche netzgekoppelte Generatoren auf Privathäusern erstellt worden. Es steht jedoch außer Frage, daß noch viel Forschungs- und Entwicklungsarbeit, aber vor allem Überzeugungsarbeit, geleistet werden muß, bis die ersten Verbrennungsaggregate durch Photovoltaik-Kraftwerke abgelöst werden.

Ziel dieses Lehrbuches ist es, Studenten im Hauptstudium der Physik und Elektrotechnik sowie Ingenieure mit Bauelement-Erfahrungen an das interessante Arbeitsgebiet der Photovoltaik heranzuführen und ihnen sichere halbleitertechnische Kenntnisse für den Entwurf, die Herstellung und den Umgang mit dem Bauelement Solarzelle zu vermitteln. Dabei werden Grundkenntnisse der Halbleiterphysik vorausgesetzt, wie sie Studenten im Grundstudium der Elektrotechnik vermittelt werden.

Der Inhalt wurde als Vorlesung am Fachbereich Elektrotechnik der Technischen Universität Berlin erarbeitet. Die begeisterte Mitarbeit der Studierenden hat die Autoren sehr zu dieser Niederschrift in Buchform ermutigt. Herrn Dipl.-Ing. D. Lin danken wir für seine engagierte Mitarbeit und für zahlreiche Anregungen, ebenso den studentischen Mitarbeitern, allen voran Herrn M. Rochel.

Berlin, September 1994

H.G. Wagemann, H. Eschrich

Inhaltsverzeichnis

Symbole

1.   Geschichtliche Entwicklung der Photovoltaik in Stichworten   1

2. Die Solarstrahlung als Energiequelle der Photovoltaik   4
    2.1. Strahlungsquelle Sonne und Strahlungsempfänger Erde   4
    2.2. Die Sonne als Schwarzer Strahler   5
    2.3. Leistung und spektrale Verteilung der terrestrischen Solarstrahlung   6

3. Halbleitermaterial für die photovoltaische Energiewandlung   13
    3.1. Absorption elektromagnetischer Strahlung durch Festkörper   13
    3.2. Photovoltaischer Grenzwirkungsgrad   15
    3.3. Beschreibung der Ladungsträgergeneration durch Absorption von
          Strahlung   18
    3.4. Grundlagen der Halbleitertechnik für Solarzellen   21
    3.5. Überschußladungsträgerprofil in homogenem Halbleitermaterial   23
    3.6. Strategien zur Trennung der generierten Überschußladungsträger 28
    3.7. Reflexionsverluste   31

4. Grundlagen für Solarzellen aus kristallinem Halbleitermaterial   33
    4.1. Die Halbleiter-Diode als Solarzelle   33
    4.2. Grundmodell einer kristallinen Solarzelle   34
        4.2.1. Elektronenstrom   36
        4.2.2. Löcherstrom   38
        4.2.3. Gesamtstrom   40
        4.2.4. Spektrale Empfindlichkeit   42
    4.3. Bestrahlung mit einem Standardspektrum   43
    4.4. Technische Solarzellen-Parameter   44
    4.5. Das Ersatzschaltbild einer kristallinen Solarzelle   45

5. Monokristalline Silizium-Solarzellen   47
    5.1. Diskussion der spektralen Empfindlichkeit   47
    5.2. Temperaturverhalten der Generatoreigenschaften   57
    5.3. Parameter einer optimierten c-Si-Solarzelle   59
    5.4. Kristallzüchtung   61
    5.5. Präparation   63
    5.6. Hochleistungs-Solarzellen   65

6. Polykristalline Silizium-Solarzellen   69
    6.1. Vergleich der Herstellungsverfahren   69
    6.2. Kokillenguß-Verfahren für polykristalline Silizium-Blöcke   70
    6.3. Modell der Korngrenze im polykristallinem Silizium   73
        6.3.1. Berechnung der spektralen Überschußladungsträgerdichte   76
        6.3.2. Zweidimensionales Randwertproblem der
                Photostromdichte eines einzelnen Mikrokristalliten   77
    6.4. Bewertung von spektraler Empfindlichkeit und Photostromdichte 82
    6.5. Präparation   86

7. Galliumarsenid-Solarzellen — 89
   7.1. Vergleich der Solarzellenmaterialien Silizium und Galliumarsenid — 89
   7.2. Konzept der GaAs-Solarzelle mit AlGaAs-Fensterschicht — 89
   7.3. Modellrechnung zur AlGaAs/GaAs-Solarzelle — 90
   7.4. Kristallzüchtung — 96
   7.5. Flüssigphasen-Epitaxie für GaAs-Solarzellen — 98
   7.6. Präparation — 99

8. Dünnschicht-Solarzellen aus amorphem Silizium — 102
   8.1. Eigenschaften des amorphen Siliziums — 102
   8.2. Dotieren des amorphen Siliziums — 105
   8.3. Physikalisches Modell der a-Si:H-Solarzelle — 109
      8.3.1. Dunkelstrom — 110
      8.3.2. Photostrom — 112
   8.4. Präparation — 119
   8.5. Verringerung der Degradationseffekte — 123
   8.6. Herstellung von a-Si:H-Solarzellen — 124

9. Alternative Solarzellen-Konzepte — 127
   9.1. MIS-Solarzelle aus kristallinem Silizium — 127
   9.2. Solarzellen aus Kupferindiumdiselenid (CuInSe$_2$) — 128
   9.3. a-Si:H/c-Si-Solarzellen — 129
   9.4. Kugelelement-Solarzelle — 130
   9.5. Elektrochemische Solarzellen — 131

10. Ausblick — 132

A. Anhang — 133
   A.1. Lösung des Integrals zur Berechnung des Grenzwirkungsgrades — 133
   A.2. Lösung der Diffusionsgleichung — 135
   A.3. Das Standardspektrum AM1.5global — 139

Literatur — 140
Stichwortverzeichnis — 142

Verzeichnis der Tafeln
   Detektoren zur Vermessung der terrestrischen Sonnenstrahlung — 11
   Messung der Spektralen Empfindlichkeit — 50
   Messung der Generator-Kennlinie — 101

Symbole

$\bar{a}$, a	Gitterkonstante / nm
A	Fläche / cm^2
B	magnetische Flußdichte / Vs/m^2
c_0, c	(Vakuum-)Lichtgeschwindigkeit (2,99792458 · 10^8 m/s)
d	Dicke / cm
d_{ba}, d_{em}, d_{ox}, d_{SZ}	Basis-/Emitter-/Oxid-/Solarzellen-Dicke / cm
d_i	Dicke der intrinsischen Schicht / cm
D	Diffusionskonstante / cm^2/s
E	Strahlungsleistungsdichte, Bestrahlungsstärke / W/cm^2
E	elektrische Feldstärke / V/cm
E_{e0}	Solarkonstante ((1,367 ± 0,007) kW/m^2)
FF	Füllfaktor / -
g	Erdbeschleunigung (9,806 m/s^2)
G	optische Generationsrate / cm^{-3}s^{-1}
h	PLANCKsches Wirkungsquantum (6,6260755 ·10^{-34} Ws^2, $\hbar$ = h / 2 π)
H	barometrische Skalenhöhe / m
I	elektrischer Strom / A
I_k	Kurzschlußstrom / A
j	Stromdichte / A/cm^2
j_k, j_{rek}	Kurzschluß-/Rekombinations-Stromdichte / A/cm^2
k	BOLTZMANN-Konstante (1,380658 · 10^{-23} Ws/K)
k	Wellenzahl / cm^{-1}
l_n, l_p	Driftlänge der Elektronen, Löcher / cm
L	Diffusionslänge / µm
m	Masse / kg
m_{eff}	effektive Masse / kg
n	Brechzahl / -
n	Elektronenkonzentration / cm^{-3}
n_i	Eigenleitungsdichte / cm^{-3}
N_A^-, N_A	Dichte der (ionisierten) Akzeptoren / cm^{-3}
N_D^+, N_D	Dichte der (ionisierten) Donatoren / cm^{-3}
N_L, N_V	effektive Zustandsdichte im Leitungs-, Valenzband / cm^{-3}
p	Druck / N/m^2
p	Impuls / kg cm/s
p	Löcherkonzentration / cm^{-3}
p_0	Normaldruck (1013,25 hPa, 1 hPa = 1 N/m^2 = 1 kg s^{-2}m^{-1})
P_S	Strahlungsleistung / W
q	Elementarladung (1,60217733 · 10^{-19} As)
q	Sammelwirkungsgrad / -
Q_{ext}	externer Quantenwirkungsgrad / -
Q_{int}	interner Quantenwirkungsgrad / -
R	Reflexionsfaktor / -
R	Rekombinationsrate / cm^{-3} s^{-1}
R	elektrischer Widerstand / Ω
r_E	Erdradius (6,38 · 10^6 m)

r_S	Sonnenradius ($0{,}696 \cdot 10^9$ m)
r_{SE}	Abstand Sonne-Erde ($149{,}6 \cdot 10^9$ m)
s	Rekombinationsgeschwindigkeit / cm/s
S	spektrale Empfindlichkeit / A/W
u	Energiedichte / Ws/cm^3
t	Zeit / s
T	Temperatur / K
T_S	Temperatur der Sonnenoberfläche (5800 K)
U	elektrische Spannung / V
U_D	Diffusionsspannung / V
U_L	Leerlaufspannung / V
U_T	thermische Spannung ($= k \cdot T/q$, $U_T(300\text{ K}) = 25{,}8$ mV)
v_n, v_p	Driftgeschwindigkeit der Elektronen, Löcher / cm/s
v_{th}	thermische Geschwindigkeit / cm/s
W	Energie / eV
W_F	FERMI-Energie / eV
W_{fn}, W_{fp}	Quasi-FERMI-Niveau der Elektronen/Löcher / eV
w_n, w_p	Raumladungszonenweite im n/p-Gebiet / µm
W_S	Strahlungsenergie / kWh
x	Ortskoordinate in Lichteinfallrichtung / cm
y	Ortskoordinate quer zur Lichteinfallrichtung / cm
α	Absorptionskoeffizient / 1/cm
γ	Sonnenhöhenwinkel / °
ΔW	Bandabstand / eV
ε_0, ε	Dielektrizitäts-Konstante ($8{,}854187817 \cdot 10^{-14}$ As/Vcm), -zahl / -
η	Energiewandlungswirkungsgrad / -
η_q	Quantenwandlungswirkungsgrad / -
κ	Extinktionskoeffizient / -
λ	Wellenlänge / nm
μ	Beweglichkeit / cm^2/Vs
ν	Frequenz / 1/s
Φ_p	Photonenstrom / s^{-1}
π	3,1415926
ρ	Dichte / kg/cm^3
ρ	Raumladungsdichte / As/cm^3
σ	spezifische Leitfähigkeit / Ω^{-1} cm^{-1}
σ	STEFAN-BOLTZMANN-Konstante ($5{,}67051 \cdot 10^{-8}$ Wm^{-2}K^{-4})
τ	Minoritätsladungsträger-Lebensdauer / s
ω	Kreisfrequenz / 1/s

X

1. Geschichtliche Entwicklung der Photovoltaik in Stichworten

Die wesentlichen Fortschritte auf dem Gebiet der Photovoltaik werden jeweils mit dem wichtigsten Zitat referiert.

<u>1948</u> Konzept der Halbleiter-Photovoltaik mit Schottky-Dioden	K. Lehovec: *The Photo-Voltaic Effect* Phys. Rev., <u>74</u> (1948), 463-471
<u>1954</u> Erste c-Si-Solarzelle	D.M. Chapin, C.S. Fuller, P.L. Pearson: *A New Silicon p-n Junction Photocell for Converting Solar Radiation into Electric Power* J. Appl. Phys., <u>25</u> (1954), 676-677
<u>1954</u> Erste CdS-Solarzelle	D.C. Reynolds, G. Leies, R.E. Marburger: *Photovoltaic Effect in Cadmium Sulphide* Phys. Rev., <u>96</u> (1954), 533-534
<u>1955</u> Erste GaAs-Solarzelle	R. Gremmelmeier: *GaAs-Photoelement* Z. Naturforschung, <u>10a</u> (1955), 501-502
<u>1960</u> Berechnung des Grenzwirkungsgrades von Solarzellen	M. Wolf: *Limitations and Possibilities for Improvement of Photovoltaic Solar Energy Converters* Proc. IRE, <u>48</u> (1960), 1246-1263
<u>1966</u> Raumfahrtanwendungen von Solarzellen	J.J. Wysocki, P. Rappaport, E. Davison, R. Hand, J.J. Loferski: *Lithium-Doped, Radiation-Resistant Silicon Solar Cells* Appl. Phys.Lett., <u>9</u> (1966), 44-46
<u>1974</u> Erste Si-MIS-Solarzelle	J. Shewchun, M.A. Green, F.D. King Sol. State Electronics, <u>17</u> (1974), 551
<u>1975</u> Dotierbares a-Si:H	W.E. Spear, P.G. Lecomber Sol. Stat. Comm., <u>17</u> (1975),1193

<u>1976</u>
Erste a-Si:H-Solarzelle

D.E. Carlson, C.R. Wronski: *Thin Film p-i-n-Solar Cells from Amorphous Hydrogenated Silicon*
Appl. Phys. Lett., <u>28</u> (1976), 671

<u>1977</u>
Erste poly-Si-Solarzelle

H. Fischer, W. Pschunder: *Low-Cost Solar Cells Based on Large-Area Unconventional Silicon*
Trans. Elec. Dev., <u>24</u> (1977), 438-442

<u>1984</u>
Hochleistungs-Solarzelle aus Silizium:
$\eta_{AM1,5} = 18,7\%$

M. A. Green:
High-Efficiency Silicon Solar Cells
Trans. Elec. Dev., <u>31</u> (1984), 679-683

<u>1987</u>
IBC-Solarzelle:
$\eta_{(100 \times AM1,5)} = 25,6\%$

P. Verlinden, F. Van de Wiele et al. : *High Efficiency Interdigitated Back Contact (IBC) Silicon Solar Cells*
Proc. 19th IEEE PV Spec. Conf., (1987), 405

<u>1990</u>
Hoher und stabiler Wirkungsgrad von a-Si:H-Tandem-Modulen (30x40 cm^2)
$\eta_{AM1,5} = 10\%$

Y. Ichikawa:
Recent Progress in Stability of a-Si-Solar Cells
Proc. Intern. PVSEC-5, Kyoto (1990), 617

<u>1990</u>
Höchster Wirkungsgrad im unkonzentrierten Sonnenlicht
$\eta_{AM1,5} = 24,8\%$

S.P. Tobin, S.M. Vernon et al.:
Assessment of MOCVD- and MBE-Grown GaAs for High-Efficiency Solar Cell Applications
Trans. Elec. Dev., <u>37</u> (1990), 469-477

<u>1990</u>
CIS-Solarzellen

K.W. Mitchell, C. Eberspacher et al.:
CuInSe$_2$-Cells and Modules
Trans. Elec. Dev., <u>37</u> (1990), 410-417

<u>1990</u>
Höchster Wirkungsgrad im konzentrierten Sonnenlicht

L.M. Fraas, J.E. Avery et al.:
Over 35% Efficient GaAs/GaSb Tandem Solar Cells
Trans. Elec. Dev., <u>37</u> (1990), 443-449

<u>1991</u>
Kugel-Element-Solarzelle

J.D. Levine, G.B. Hotchkiss, M.D. Hammerbacher:
Basic Properties of the Spherical Solar TM Cell
Proc. 22nd IEEE PV Spec. Conf., (1991), 1045

<u>1991</u>
Elektrochemische Farbstoff-
Solarzelle $\eta_{AM1,5} = 12\%$

N. Vlachopoulos, P. Liska, J. Augustynski, M. Grätzel:
*Very Efficient Visible Light Energy Harvesting and
Conversion by Spectral Sensitization of High Surface
Area Polycrystalline Titanium Dioxide Films*
J. Am. Chem. Soc., <u>110</u> (1988), 1216

Eine zusammenfassende Darstellung der geschichtlichen Entwicklung der Photovoltaik findet sich in

J.J. Loferski:

*The First Forty Years: A Brief History of the Modern
Photovoltaic Age*
Progress in Photovoltaics, <u>1</u> (1993), 67.

2. Die Solarstrahlung als Energiequelle der Photovoltaik

Um die photovoltaische Energiewandlung effizient gestalten zu können, ist die genaue Kenntnis des Strahlungsangebotes notwendig. Der Empfänger Solarzelle muß an das eingestrahlte Spektrum optimal angepaßt werden. Deshalb sollen zunächst ein physikalisches Modell der Solarstrahlung und die Auswirkungen der Erdatmosphäre auf die spektrale Zusammensetzung des Lichtes diskutiert werden.

2.1. Strahlungsquelle Sonne und Strahlungsempfänger Erde

Die Temperatur $T_S \approx 5800$ K der Sonnenoberfläche (Photosphäre) wird vom Strahlungsgleichgewicht zwischen dem kalten Weltraum mit der Hintergrundstrahlung (T = 2,73 K) und dem extrem heißen Sonneninneren (T = 15,6·10^6 K) der thermonuklearen Fusionsprozesse bestimmt. In der Photosphäre der Sonne liegen alle Elemente, mehr oder weniger ionisiert, in atomarer Form vor. Dies führt zu einer so hohen Dichte spektral benachbarter Absorptionslinien, daß die gasförmige Sonnenhülle in erster Näherung als ein *Schwarzer Strahler* mit dem Absorptionsvermögen A = 1 betrachtet werden darf.

Der Schwarze Strahler Sonne mit der Temperatur von T_S = 5800 K steht über die Entfernung zwischen Sonnenoberfläche und Erdbahn mit der Erde im Gleichgewicht, da die mittlere Temperatur der Erde sich über lange Zeiträume nicht verändert. Es läßt sich die der Erde zugeführte Strahlungsleistung nach dem STEFAN-BOLTZMANN-Gesetz errechnen (Abb. 2.1)

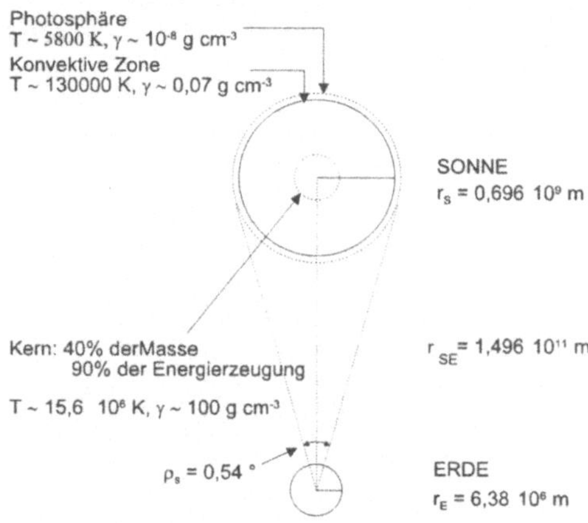

Abb. 2.1:   Sonne und Erde im Weltraum (nach Goetzberger und Wittwer /2.1/).

$$P_S = \pi r_E^2 \left(\frac{r_S}{r_{SE}}\right)^2 \cdot \sigma T_S^4 \quad \text{mit } \sigma = 5{,}67 \cdot 10^{-8} \frac{W}{m^2 K^4} \quad . \tag{2.1}$$

Die Strahlungsleistungsdichte außerhalb der Erdatmosphäre ("extraterrestrisch") bestimmt die mittlere *Solarkonstante* (gemittelt über die Bahnexzentrizität sowie die Sonnenfleckenschwankungen). Diese wurde von der World Meteorological Organisation (WMO) in Genf in der Publikation 590 aus dem Jahre 1982 zu

$$E_{e0} = (136{,}7 \pm 0{,}7) \frac{mW}{cm^2} \quad . \tag{2.2}$$

festgelegt. Nach Gl. 2.1 errechnet man die auf die Erde einfallende extraterrestrische Strahlungsleistung $P_S = 1{,}776 \cdot 10^{17}$ W und erhält damit pro Jahr eine Strahlungsenergie $W_S = 1{,}56 \cdot 10^{18}$ kWh (zum Vergleich: der Weltbedarf an Primärenergie lag 1990 bei $8{,}9 \cdot 10^{13}$ kWh, in Deutschland 1991 bei $4{,}0 \cdot 10^{12}$ kWh).

2.2. Die Sonne als Schwarzer Strahler

Die spektrale Energiedichte des Schwarzen Strahlers in Abhängigkeit von der Frequenz ν wird durch das PLANCKsche Strahlungsgesetz

$$u_\nu(\nu, T)\, d\nu = \frac{8\pi h}{c_0^{\,3}} \cdot \frac{\nu^3}{e^{h\nu/kT} - 1}\, d\nu \tag{2.3}$$

beschrieben. Über alle Frequenzen aufintegriert ergibt sich die Energiedichte zu

$$u(T) = \int\limits_{\nu=0}^{\infty} u_\nu(\nu, T)\, d\nu. \tag{2.4}$$

Die Strahlungsleistungsdichte des *Schwarzen Strahlers* ergibt sich aus der Energiedichte, die den Raum mit Lichtgeschwindigkeit durchquert

$$E(T) = \frac{c_0}{4}\, u(T) = \frac{c_0}{4} \int\limits_{\nu=0}^{\infty} u_\nu(\nu, T)\, d\nu \quad . \tag{2.5}$$

Der Vorfaktor ¼ folgt aus der Art der Abstrahlung, die isotrop in den Halbraum über der Sonnenoberfläche gerichtet ist. Mit der Gleichung von STEFAN-BOLTZMANN hängt die PLANCKsche Gleichung in der Form

$$E(T) = \sigma T^4 = \frac{c_0}{4} \int\limits_{\nu=0}^{\infty} u_\nu(\nu, T)\, d\nu \tag{2.6}$$

zusammen. Entsprechend ergibt sich die auf die Erde auftreffende solare Strahlungsleistung mit der spektralen Verteilung des Schwarzen Körpers bei Sonnentemperatur T_S zu

$$P_S = \pi r_E^2 \left(\frac{r_S}{r_{SE}}\right)^2 \cdot \frac{c_0}{4} \int_{\nu=0}^{\infty} u_\nu(\nu, T_S)\, d\nu \ . \tag{2.7}$$

Die Angabe der spektralen Energiedichte des Schwarzen Strahlers nach PLANCK (Gl. 2.3) bezogen auf differentielle Wellenlängenintervalle und in Abhängigkeit von λ

$$u_\lambda(\lambda, T)\, d\lambda = \frac{8\pi hc_0}{\lambda^5} \cdot \frac{1}{e^{hc_0/\lambda kT} - 1}\, d\lambda \tag{2.8}$$

ist ebenfalls von praktischer Bedeutung. Einen Überblick über die Verteilung der spektralen Energiedichte bzgl. der Energie (Frequenz) und der Wellenlänge geben die Abb. 2.2 und 2.3. Die Gln. 2.3 und 2.8 sind über den Gesamtenergieinhalt der Spektralverteilung miteinander verbunden

$$u(T) = \int_{\lambda=0}^{\infty} u_\lambda(\lambda, T)\, d\lambda = \int_{\nu=0}^{\infty} u_\nu(\nu, T)\, d\nu \ . \tag{2.9}$$

2.3. Leistung und spektrale Verteilung der terrestrischen Solarstrahlung

Die Abb. 2.4 zeigt die spektrale Strahlungsleistungsdichte $E_\lambda(\lambda)$ des Sonnenlichtes auf der Erdoberfläche ("sea level"). Dabei wird verglichen mit der spektralen Verteilung außerhalb der Atmosphäre und mit derjenigen eines Schwarzen Körpers bei 5800 K. In die Verteilung eingezeichnet sind die Einbrüche, die durch die Strahlungsabsorption bestimmter Molekülgruppen verursacht werden. Dies sind innerhalb der Atmosphäre vor allem Wasserdampf (H_2O), Ozon (O_3), Sauerstoff (O_2) und Kohlendioxid (CO_2). Ozon absorbiert dabei in einem relativ breiten Wellenlängenbereich (200 - 700 nm), die anderen Gase absorbieren selektiv in Form von *Banden*. Die Lufthülle und die darin enthaltenen Aerosole schwächen das Sonnenlicht und ändern seine spektrale Verteilung durch Absorption und Streuung. Streuung bedeutet Absorption und weitgehend isotrope Wiederaussendung von Lichtquanten mit gleicher (elastische Streuung) oder vergrößerter (unelastische Streuung) Wellenlänge. Dadurch entsteht aus der primären spektralen Leistungsverteilung ein verändertes Spektrum, das man in direkte und diffuse Anteile unterteilen kann. So unterscheidet man das *globale Spektrum*, das beide Anteile umfaßt, vom *direkten Spektrum*.

Die Streuung des Lichtes an den Bestandteilen der Luft unterliegt verschiedenen Gesetzmäßigkeiten. Ist die Wellenlänge des Lichtes groß gegenüber der Teilchengröße (einzelne Moleküle), so verhalten sich diese wie schwingende Dipole (*Rayleigh-Streuung*). Sie verursachen Polarisationserscheinungen und Farberscheinungen am Taghimmel, da für die Strahlungsleistung eines *Hertzschen Dipols* $E \propto \lambda^{-4}$ gilt. Langwelliges Licht wird also weniger stark gestreut als kurzwelliges. Steht die Sonne hoch am Himmel, so erreicht den Betrachter hauptsächlich stark gestreutes blaues Licht; geht sie unter, so geht vor allem blaues Licht verloren, es bleibt das Abendrot. Erfolgt die Streuung an Zentren, die nicht klein gegen λ sind (Aerosole), so kann diese mit einer Theorie für kugelförmige Teilchen (*Mie-Streuung*) beschrieben werden. Mit steigender Größe nimmt die Wellenlängenabhängigkeit stark ab, was zu einer gleichmäßigen Trübung führt (grauer Himmel).

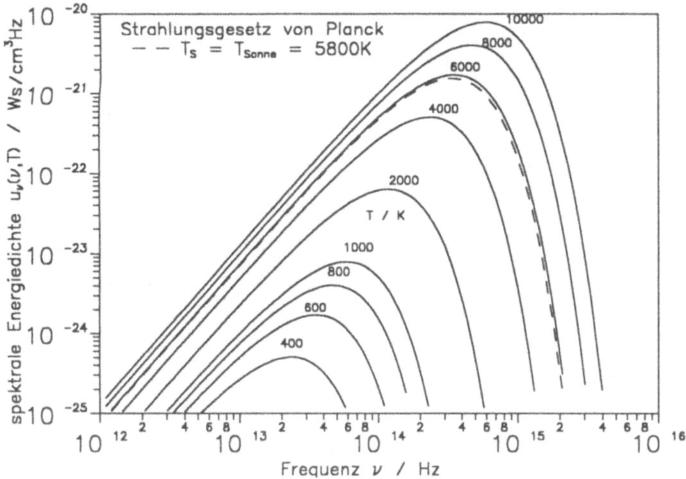

Abb. 2.2:   Isothermen der Strahlung eines Schwarzen Körpers nach PLANCK über der Frequenz (Energie).

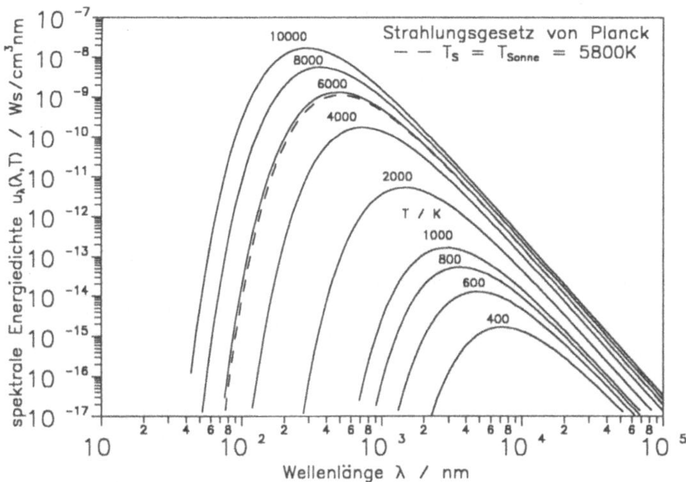

Abb. 2.3:   Isothermen der Strahlung eines Schwarzen Körpers nach PLANCK über der Wellenlänge.

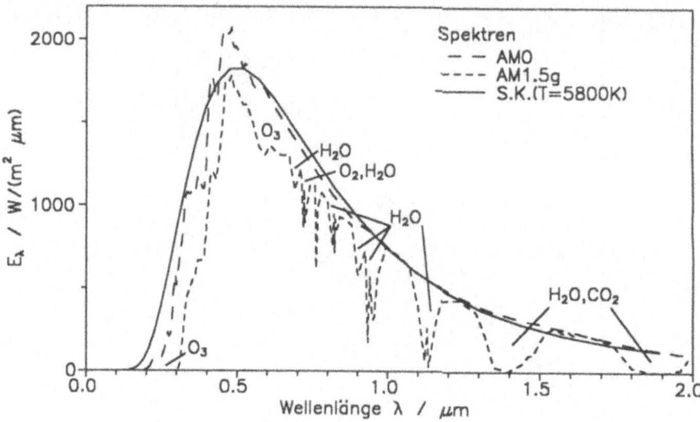

Abb. 2.4:   Spektrale Strahlungsleistungsdichte der Sonne $E_\lambda(\lambda)$ außerhalb und innerhalb der Atmosphäre im Vergleich zur Schwarz-Körper-Strahlung.

Den Begriff einer Luftmasse AM1 (engl.: <u>A</u>ir <u>M</u>ass) definiert man, indem man die diffus zum Weltraum auslaufende Atmosphärendichte entsprechend der Barometergleichung mit der *Skalenhöhe* H mißt, bei deren Wert sie auf den e-ten Teil abgesunken ist. Ausgehend von der Dichte ρ läßt sich die Skalenhöhe errechnen

$$\text{Barometrische Höhengleichung } p(h) = p_0\, e^{-\frac{p_0 g h}{p_0}}\,, \qquad (2.10)$$

$$H(AM1) = h\left(p = \frac{1}{e}p_0\right) = \frac{p_0}{\rho_0\, g} = 8,0 \text{ km}$$

$$\text{mit} \quad p_0 = 1,01325 \cdot 10^5 \text{ kg} \cdot \text{s}^{-2}\text{m}^{-1}$$
$$\text{und} \quad \rho_0 = 1,29 \text{ kg} \cdot \text{m}^{-3} \quad \left.\right\} \quad \text{bei } T = 300K \text{ auf der Erdoberfläche.}$$
$$\text{und} \quad g = 9,806 \text{ m} \cdot \text{s}^{-2}$$

Das Sonnenlicht durchläuft bei schrägem Einfall in die Atmosphäre ein Mehrfaches der Skalenhöhe, in Berlin am 22.6. (Sommersonnenwende) das 1,15-fache, am 22.12. (Wintersonnenwende) das 4,12-fache von H (Abb. 2.5). Die entsprechenden Atmosphärenverhältnisse charakterisiert man durch AM1,15 und AM4,12. Dabei meint man zweierlei: 1.   die Abschwächung der Strahlungsleistung für AMx,
2.   die Veränderung der spektralen Strahlungsleistung für AMx.

Als Anfangswert gilt in dieser Klassifizierung die spektrale Strahlungsleistung außerhalb der Atmosphäre AM0.

Der wichtigste Standardwert, auch für simulierte Bestrahlungen, ist der Wert AM1,5, dem eine globale Strahlungsleistung von 1000 Wm^{-2} entspricht. Die spektrale Verteilung ist als internationale Norm in Tabellenform festgelegt /2.2/ (Abb. 2.6 sowie Anhang A.3).

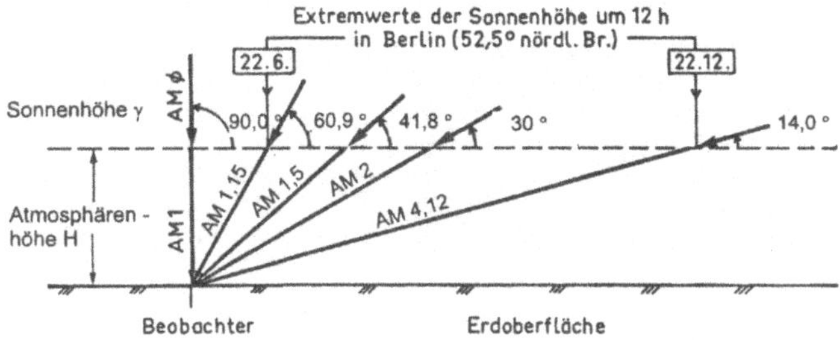

Abb. 2.5:   Definition der Sonnenlicht-Weglänge in der Atmosphäre AMx.

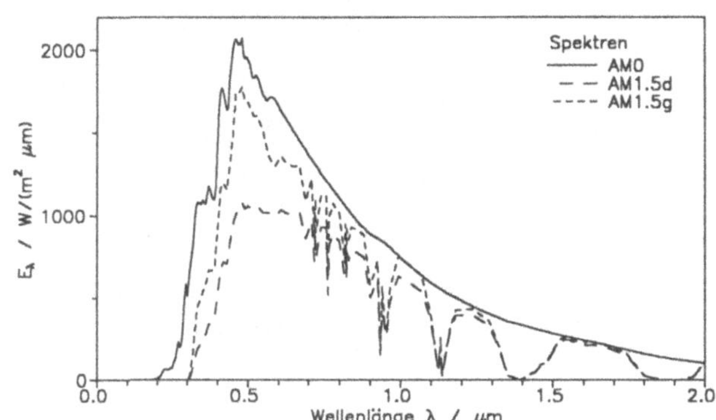

Abb. 2.6:   Spektrale Strahlungsleistungsdichte der Sonne $E_\lambda(\lambda)$ für AM1,5 direkt und global im Vergleich zur extraterrestrischen AM0-Strahlung.

Der lokale AMx-Wert hängt von der geographischen Breite sowie vom Datum und der Zeit ab. In Berlin (52,50° nördl. Breite) am 22. Juni (Sonne steht am nördl. Wendekreis 23,45° nördl. Breite) um 12 Uhr mittags (Sonne erreicht ihren höchsten Stand im Meridian) gilt AM(Berlin) $\cong$ (sin (90,00° - (52,50° - 23,45°)))$^{-1}$ $\cong$ AM1,15. Allgemein gilt für den Meridianwert der Luftmasse AMx die Beziehung zur Meridianhöhe γ der Sonne

$$x = \frac{1}{\sin \gamma} \; . \tag{2.11}$$

Der Anteil diffuser Strahlung an der spektralen Verteilung globaler Strahlungsleistungs-dichte nimmt zum ultravioletten Ende des terrestrischen Spektrums erheblich zu. Dies ist ein Sachverhalt, der auch für die Photovoltaik von erheblicher Bedeutung ist. Die Globalstrahlung auf eine ebene Fläche setzt sich zusammen aus der direkten und der diffusen Strahlung

$$\text{Globalstrahlung} = \text{direkte Strahlung} + \text{diffuse Strahlung} . \qquad (2.12)$$

Durch zahlreiche Messungen hat man ein Modell erarbeitet, wie direkte und diffuse Strahlung im Mittel miteinander zusammenhängen. Die Abb. 2.7 zeigt die experimentell gefundene Zuordnung zwischen dem Verhältnis von auf der Erde empfangener Globalstrahlung und extraterrestrischer Strahlung zum Verhältnis von horizontaler Diffusstrahlung und Globalstrahlung für Tagesmittelwerte /2.3/. Man gewinnt daraus die wichtige Erkenntnis, daß an Tagen mit geringer Einstrahlung (starke Bewölkung) praktisch alles Licht diffus anfällt, andererseits sogar an sehr klaren ("schönen") Tagen 20% des Lichtes diffus ist.

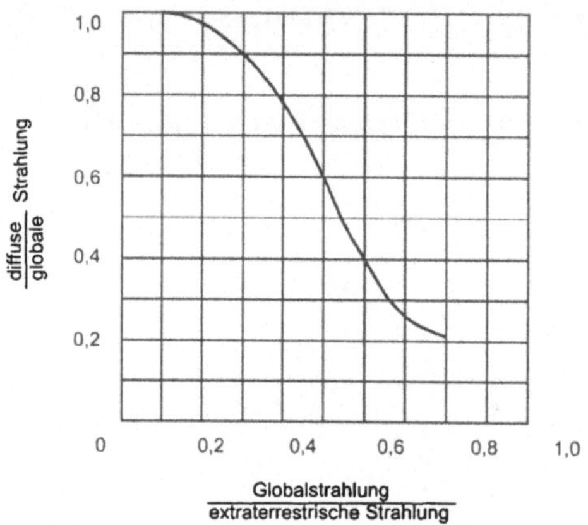

Abb. 2.7:   Experimentell gefundene Korrelation zwischen dem Verhältnis von Globalstrahlung und extraterrestrischer Direktstrahlung und dem Verhältnis von Diffusstrahlung und der Globalstrahlung für Tagesmittelwerte (nach Collares-Pereira und Rabl /2.3/).

Abschließend gibt die Tab. 2.1 einen Überblick über die typische Jahressumme der Globalstrahlung für verschiedene Orte der Erde. Zunächst ist vielleicht erstaunlich, daß sich die am weitesten voneinander abweichenden Werte nur um den Faktor 2,5 unterscheiden. Insofern lassen sich aus derartigen Vergleichen keine generellen Vorbehalte für die Anwendung der Photovoltaik an nebeligen nordeuropäischen Orten (London!) ableiten.

Ort	Jahressumme der Energie / $\mathrm{kWh/m^2\,a}$
London	945
Hamburg	980
Berlin	1050
Paris	1130
Rom	1680
Kairo	2040
Arizona	2350
Sahara	2350

Tab. 2.1:   Typische Jahressummen der Globalstrahlung für verschiedene Standorte auf der Erde.

Detektoren zur Vermessung der terrestrischen Sonnenstrahlung

Messungen der solaren Strahlungsleistungsdichte führt man mit *thermischen Detektoren* oder *Quantendetektoren* durch.

Thermische Detektoren erwärmen sich um eine Temperaturdifferenz ΔT, wenn Strahlungsleistung absorbiert wird. Die Detektor-Oberfläche ist geschwärzt, um über einen weiten Spektralbereich (etwa $0{,}2 < \lambda < 10\ \mu m$) eine konstant hohe Empfindlichkeit zu erhalten. Die geringe Temperaturerhöhung wird beispielsweise mittels einer *Thermosäule* in eine Gleichspannung umgesetzt, die durch Serienverschaltung von 10 bis 50 Dünnfilm-Thermoelementen entsteht. Die Bestimmung der absoluten Bestrahlungsstärke erfolgt durch den Vergleich der Spannung mit einem gleichartigen nicht bestrahlten Bauelement. *Pyranometer* werden als technische Ausführung solcher Strahlungsmesser häufig eingesetzt. Ein *Bolometer* bewertet die Änderung des elektrischen Widerstandes eines Metallfilmes (z.B. Gold) bei Erwärmung im Sonnenlicht. Ein *pyroelektrischer* Detektor ist ein Kondensator mit einem temperaturempfindlichen Elektret-Dielektrikum. Hier entsteht bei Erwärmung ein meßbarer Ladestrom, der über einen hochohmigen Widerstand registriert wird. Bei allen diesen Detektoren läßt sich für Präzisionsmessungen unerwünschtes Rauschen durch Messung in einem periodisch unterbrochenen ("gechoppten") Lichtstrahl mit nachfolgender phasenempfindlicher Verstärkung und Gleichrichtung ("Lock-In-Verstärkung") unterdrücken.

Quantendetektoren zur Vermessung der solaren Strahlungsleistung sind *Photodioden*, *Photowiderstände* und *Photokathoden* von Photomultipliern. Photokathoden sind bis weit in den UV-Bereich empfindlich, während im sichtbaren und im IR Bereich des

Sonnenspektrums Si-, GaAs- oder GaInAs-Dioden hohe Empfindlichkeiten aufweisen. Es können also auch *Solarzellen* zu diesem Zweck benutzt werden. Ein Quantendetektor erzeugt im Idealfall aus jedem absorbierten Photon genau ein Elektron-Loch-Paar. Das reale Bauelement weist wegen der Reflexionen an seiner Oberfläche und der wellenlängenabhängigen Absorptionstiefe Quantenwirkungsgrade von unter Eins auf. Am kurzwelligen Ende der spektralen Empfindlichkeit beeinträchtigt die Oberflächenrekombination die Zahl der in geringer Tiefe erzeugten Ladungsträgerpaare, am langwelligen Ende begrenzt die Bandkante des verwendeten Halbleiters die Empfindlichkeit. Eine kalibrierte Solarzelle ist für Absolutmessungen der Leistungsdichte des Sonnenlichtes gut geeignet. Zum Meßaufbau gehört in diesem Fall ein kleiner Präzisionswiderstand als Last, der eine Meßsignalwandlung nahe dem Kurzschlußfall ermöglicht.

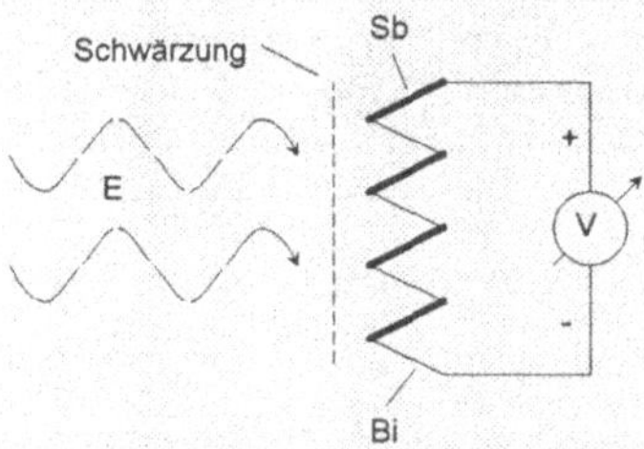

Schematisierter Aufbau einer Thermosäule. Die in der geschwärzten Schicht absorbierte Strahlung erwärmt die seriell verschalteten Antimon/Wismut Thermoelemente, deren Thermospannung als Meßsignal für die Bestrahlungsstärke dient.

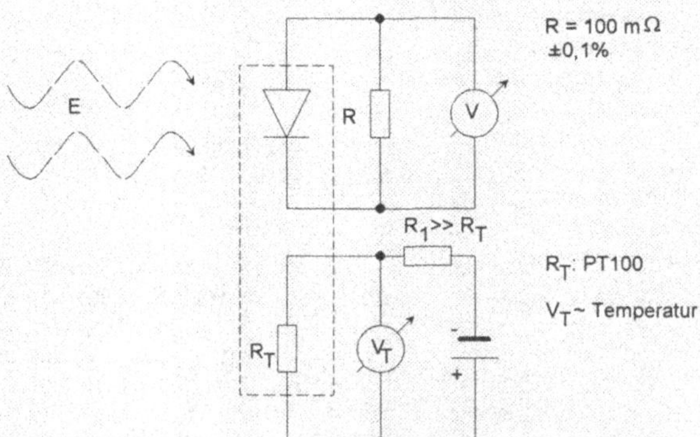

Schematisierter Aufbau einer "Eich"-Solarzelle. Eine Solarzelle bekannter spektraler Empfindlichkeit erzeugt für eine konstante Spektralverteilung des eingestrahlten Lichtes einen zur Bestrahlungsstärke proportionalen Kurzschlußstrom, der über einen Präzisionswiderstand als Spannung abgegriffen wird. Über einen temperaturabhängigen Widerstand direkt unterhalb der Solarzelle wird der Thermostat geregelt.

3. Halbleitermaterial für die photovoltaische Energiewandlung

3.1. Absorption elektromagnetischer Strahlung durch Festkörper

Alle Festkörper lassen sich durch das Energiebänder-Modell der Festkörperelektronen beschreiben. Zufuhr von Energie in Form von elektromagnetischer Strahlung führt dazu, die gequantelten Schwingungszustände der Atome anzuregen (*Phononen*-Erzeugung) und dabei auch Energie an Elektronen zu übertragen, die damit auf unbesetzte Zustände innerhalb der Energiebänder gelangen können. Nur bei Metallen mit ihrem teilgefüllten Leitungsband übernimmt das Kollektiv der quasi-freien Elektronen, das *Elektronengas* in der Umgebung der energetischen Besetzungsgrenze, der *Fermi-Energie* W_F, dabei auch sehr kleine Energiebeträge. Aufgrund ihrer hohen Dichte freier Elektronen (10^{22} cm^{-3}) absorbieren Metalle ein breites Spektrum elektromagnetischer Strahlung innerhalb einer sehr geringen Schichtdicke und wandeln es in Wärme um.

In einem Halbleiter befinden sich bei Zimmertemperatur nur geringe Dichten freier Ladungsträger in den Bändern (Elektronen im Leitungsband, Löcher im Valenzband). Diese entsprechen entweder der Eigenleitungsdichte $n_i(T)$ oder, im Falle vorhandener Störstellendotierung je nach deren Typ, der Donatoren-Konzentration N_D^+ (zusätzliche Elektronen im Leitungsband) bzw. der Akzeptoren-Konzentration N_A^- (zusätzliche Löcher im Valenzband). In Silizium und Galliumarsenid sind bei Zimmertemperatur die geläufigen Störstellen erschöpft ($N_D^+ = N_D$, $N_A^- = N_A$). Wenn die Absorption eines Spektrums elektromagnetischer Strahlung in einem Halbleitermaterial untersucht wird, beobachtet man eine untere Energieschwelle. Sie entspricht einem Band-Band-Übergang und somit der Energie zwischen Leitungs- und Valenzbandkante. Unterhalb dieser Energieschwelle entspricht die Absorption elektromagnetischer Strahlungsenergie im Halbleiter der vorhandenen Dichte freier Ladungsträger (bei nicht-entarteten Halbleitern $\leq 10^{18}$ cm^{-3}), ist also entsprechend geringer als in Metallen und erfolgt über sehr viel größere Schichtdicken.

Für Isolatoren gilt grundsätzlich die gleiche Beschreibung wie für Halbleiter bis auf die bei erheblich höherer Energie liegende untere Energieschwelle für einsetzende Absorption durch Band-Band-Übergänge (z.B. SiO$_2$: $\Delta W = 8,8$ eV $\cong$ hc/λ_{max}, $\lambda_{max} = 140$ nm). Da in diesem Fall ein Großteil des Sonnenspektrums nicht absorbiert wird, sind Isolatoren für Zwecke der Photovoltaik von untergeordneter Bedeutung.

In Halbleitern werden infolge der Absorption von Photonen z.B. des solaren Strahlungsspektrums Elektron-Loch-Paare erzeugt, wenn Energiesatz und Impulssatz der Wechselwirkung zwischen Strahlungsfeld und Festkörper erfüllt sind. Energie $h\,\nu_{phot} = \hbar\,\omega_{phot}$ und Impuls $\hbar\,k_{phot}$ der Photonen werden bei der Wechselwirkung an die *Phononen* und Elektronen des Halbleitermaterials übertragen.

Energiesatz:

$$\hbar\omega_{phot} = \Delta W + \frac{\hbar^2 k_L^2}{2m_n} + \frac{\hbar^2 k_V^2}{2m_p} \pm \hbar\omega_{phon} \tag{3.1}$$

Impulssatz:

$$\hbar \vec{k}_{phot} = \hbar(\vec{k}_L + \vec{k}_V) + \hbar \vec{k}_{phon} \qquad (3.2)$$

In Gl. 3.1 repräsentiert ΔW den Bandabstand W_L-W_V als Minimalenergie, die Terme mit k_L bzw. k_V die kinetische Energie im Leitungs- bzw. Valenzband, die in den Fällen nicht zu hoher Anregung unmittelbar nach dem Generationsprozeß als Wärme an das Kristallgitter abgegeben wird, so daß sich dann schließlich das Elektron an der Leitungsbandunterkante und das Loch an der Valenzbandoberkante befinden. Insofern ist es für den Generationsprozeß unerheblich, ob ein Photon mit seiner Energie genau dem Bandabstand ($h\nu = W_L$ -W_V) entspricht oder ihn überschreitet ($h\nu > W_L$-W_V). Das Ergebnis ist in beiden Fällen ein Ladungsträgerpaar mit der Bandkanten-Energie (Innerer Photoeffekt).

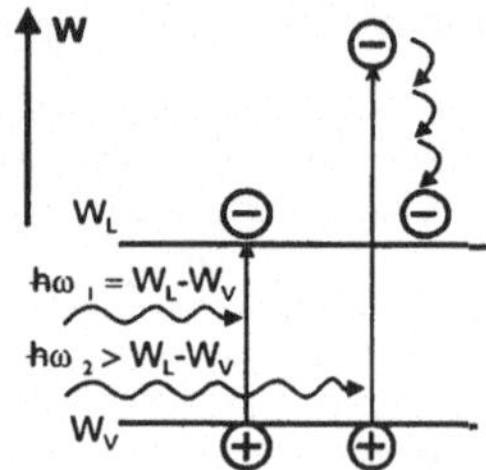

Abb. 3.1:   Generation von Elektron-Loch-Paaren.

Das doppelte Vorzeichen der Phononen-Energie beschreibt Phononen-Anregung (+) bzw. deren Vernichtung (-). Die Energie eines Phonons liegt in der Größenordnung der thermischen Energie kT ($\approx$ 25 meV) und ist damit klein gegenüber der Photonenenergie ($\approx$ 1 eV). In Gl. 3.2 ist zu beachten, daß das Lichtquant keinen nennenswerten Impuls an den Festkörper überträgt. Es gilt: $k_{phot} \ll (k_L+k_V) + k_{phon}$. Nach dem Energiebänder-Modell $W(k)$ werden *direkte* und *indirekte* Halbleiter unterschieden. Bei einem indirekten Übergang zwischen den Bänder-Extrema (Abb. 3.2) ist der Impulssatz nur durch zusätzliche und damit unwahrscheinlichere Beteiligung von Phononen zu erfüllen. Deshalb ist ein indirekter Halbleiter (Si, Ge) durch einen mit der Energie sanft ansteigenden, ein direkter Halbleiter (GaAs) durch einen steil ansteigenden Absorptionskoeffizienten $\alpha(h\nu)$ charakterisiert (s. Abb. 3.6).

In Halbleitern ist nach Gl. 3.1 eine Wandlung der solaren Strahlungsenergie in elektrische Energie möglich. Im optimalen Fall entsteht aus jedem absorbierten Lichtquant genau ein Elektron-Loch-Paar. Der Generationsvorgang kann ablaufen, falls das Lichtquant mindestens die Energieschwelle ΔW des Bandabstandes erreicht. Bringt das Quant mehr Energie mit, so geht die Differenz zu ΔW in Wärme über, die Energie des Elektron-Loch-Paares bleibt bei ΔW. Erst für Lichtquanten mit einem Vielfachen von ΔW kann unter gleichzeitiger Beachtung des Impulssatzes (Gl. 3.2) mehr als ein einzelnes Elektron-Loch-Paar entstehen. Der Wandlungsmechanismus in Solarzellen wird deshalb häufig für das Sonnenspektrum als „Photonen-Zählen" bezeichnet.

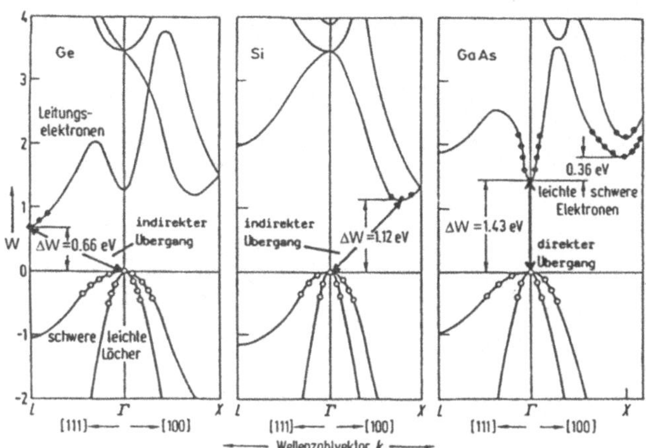

Abb. 3.2:   Darstellung der Elektronenenergie als Funktion der Wellenzahl k /3.1/.

3.2. Photovoltaischer Grenzwirkungsgrad

Bevor man an den Bau von technischen Solarzellen geht, muß man unter allgemeinen Gesichtspunkten dasjenige Halbleitermaterial auswählen, das den höchsten Wirkungsgrad verheißt. Wir gehen dabei entsprechend der Beschreibung des Absorptionsvorganges im Halbleitermaterial von Kapitel 3.1 vor. Wir nehmen an, daß ab einer Energieschwelle ΔW Photonen absorbiert werden. Von dieser Schwelle an sollen alle Photonen des Sonnenspektrums absorbiert werden und Elektron-Loch-Paare der Energie $\Delta W_{gr} = h\nu_{gr}$ generieren, unabhängig von der Anregungsenergie der Photonen $h\nu > \Delta W_{gr}$. Reflexions- und Transmissionsverluste werden vernachlässigt. Das Sonnenspektrum soll durch das eines Schwarzen Körpers bei der Temperatur T_S im Abstand Erde-Sonne approximiert werden.

Der zu bestimmende Einflußparameter ist die optimal an das Sonnenspektrum angepaßte Energieschwelle $\Delta W_{gr} = W_L - W_V$. Der *photovoltaische Grenzwirkungsgrad* η_{ult} eines Halbleitermaterials beschreibt denjenigen Anteil der Strahlungsenergie des Sonnenspektrums, der in Ladungsträgerpaare der Energie ΔW_{gr} umgewandelt werden kann (Abb. 3.3). Wegen der gleichbleibenden Energie ΔW_{gr} läuft die Berechnung auf die Bestimmung der maximalen Anzahl von Ladungsträgerpaaren der Energie $\Delta W_{gr} = W_L$-W_V hinaus, die von allen absorbierten Photonen des Sonnenspektrums erzeugt werden können. Die Anzahl ist also für verschiedene Halbleitermaterialien unterschiedlich. Das Ergebnis hängt zudem von dem vorausgesetzten Sonnenspektrum ab. Folglich können für unterschiedliche Einstrahlungsbedingungen verschiedene Materialien optimal geeignet sein. Der photovoltaische Grenzwirkungsgrad ist definiert als das Verhältnis der erzeugbaren elektrischen Leistung P_{el} zur von der Sonne eingestrahlten Leistung P_S (der Einfluß der Solarzellenfläche A_{SZ} hebt sich heraus)

$$\eta_{ult} = \frac{P_{el}}{P_S} = \frac{p_{el}}{E_S} \; .$$

(3.3)

Aus den Gl. 2.6 und 2.7 und dem STEFAN-BOLTZMANN-Gesetz weiß man (s. Fußnote [*])

$$P_S = A_{SZ}\left(\frac{r_S}{r_{SE}}\right)^2 \cdot \sigma T_S^4 = A_{SZ}\left(\frac{r_S}{r_{SE}}\right)^2 \cdot \frac{c_0}{4} \int\limits_{\nu=0}^{\infty} u_\nu(\nu, T_S)\, d\nu$$

$$= \left(\frac{r_S}{r_{SE}}\right)^2 \cdot \int\limits_{\nu=0}^{\infty} \Phi_{p,\nu}(\nu, T_S) \cdot h\nu \cdot d\nu \; .$$

(3.4)

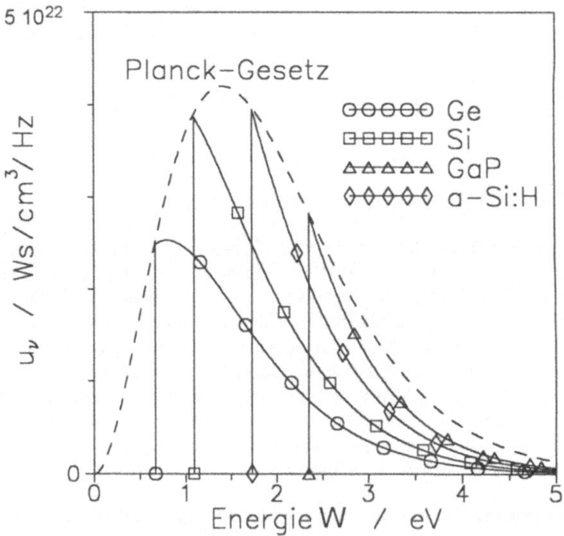

Abb. 3.3:   Photovoltaisch nutzbare Anteile des Sonnenspektrums.

---

[*] nach DIN 5031/Beiblatt 1 wird die Photonenstromdichte durch E_p in $m^{-2}s^{-1}$ bezeichnet. Mit E_p hängt der Photonenstrom Φ_p in s^{-1} über die ausgeleuchtete Fläche A zusammen: $\Phi_p = A\, E_p$. Die Verwendung von E_p wollen wir vermeiden, um Verwechslungen mit der Bestrahlungsstärke E vorzubeugen.

Durch den Halbleiter wird jedes absorbierte Photon (also mit $W_{phot} \geq \Delta W$) mit der Energie des Bandabstandes $\Delta W = h\nu_{gr}$ bewertet

$$P_{el} = \left(\frac{r_s}{r_{SE}}\right)^2 h\nu_{gr} \cdot \int_{\nu=\nu_{gr}}^{\infty} \Phi_{p,\nu}(\nu, T_s)\,d\nu \tag{3.5}$$

$$\Rightarrow \quad \eta_{ult} = \frac{h\nu_{gr}}{\sigma T_S^4} \cdot \frac{1}{A_{SZ}} \cdot \int_{\nu=\nu_{gr}}^{\infty} \Phi_{p,\nu}(\nu, T_S) \cdot d\nu \tag{3.6}$$

$$\text{mit} \quad \Phi_{p,\nu}(\nu)/A_{SZ} = \frac{c_0}{4} \cdot \frac{1}{h\nu} \cdot u_\nu(\nu, T_S) = \frac{2\pi}{c_0^2} \cdot \frac{\nu^2}{e^{h\nu/kT_S} - 1} \ . \tag{3.7}$$

Also gilt

$$\eta_{ult} = \frac{h\nu_{gr}}{\sigma T_S^4} \cdot \frac{2\pi}{c_0^2} \int_{\nu=\nu_{gr}}^{\infty} \frac{\nu^2}{e^{h\nu/kT_S} - 1} \cdot d\nu = \frac{h\nu_{gr}}{\sigma T_S^4} \cdot \frac{2\pi}{c_0^2} \cdot I \ . \tag{3.8}$$

Das Integral I läßt sich geschlossen lösen. Es wird in der im Anhang 1 aufgeführten Nebenrechnung bestimmt

$$I = \nu_{gr}^3 \cdot \frac{1}{x^4} \cdot G(x) \quad \text{mit} \quad x = \frac{h\nu_{gr}}{kT_S} \quad \text{und} \quad G(x) = \frac{x^3}{e^x - \frac{1}{2}} + \frac{2x^2}{e^x - \frac{1}{4}} + \frac{2x}{e^x - \frac{1}{8}} \ . \tag{3.9}$$

Schließlich ergibt sich der photovoltaische Grenzwirkungsgrad zu

$$\eta_{ult} = \frac{15}{\pi^4} \cdot G(x) \ . \tag{3.10}$$

Die Abb. 3.4 zeigt den Grenzwirkungsgrad η_{ult} als Funktion des Halbleiterbandabstandes für $T_S = 5800$ K. In die Kurve sind die Bandabstände einiger bedeutender Halbleitermaterialien eingetragen. Nahe dem Maximum bei $\Delta W = 1.1$ eV liegt kristallines Silizium mit $\eta_{ult} \approx 44$ %, auf der absteigenden Flanke bei $\Delta W = 1.43$ eV liegt Galliumarsenid mit $\eta_{ult} \approx 41$ %. Darüber hinaus findet man bei $\Delta W = 1.7$ eV amorphes Silizium mit $\eta_{ult} \approx 37$ %. Man erkennt unmittelbar anhand der Spektren (Abb. 2.4), daß kristalline Silizium-Solarzellen beim Einsatz im Weltraum und daß GaAs-Solarzellen angesichts der Lücken im infraroten Bereich der terrestrischen Sonnenspektren für irdische Anwendungen besonders geeignet erscheinen, wenn der Grenzwirkungsgrad das alleinige Kriterium ist. Zusatzgesichtspunkte wie Verfügbarkeit des Materials, Strahlungsfestigkeit, Temperaturverhalten, Langzeitzuverlässigkeit u. a. verändern dieses Bild.

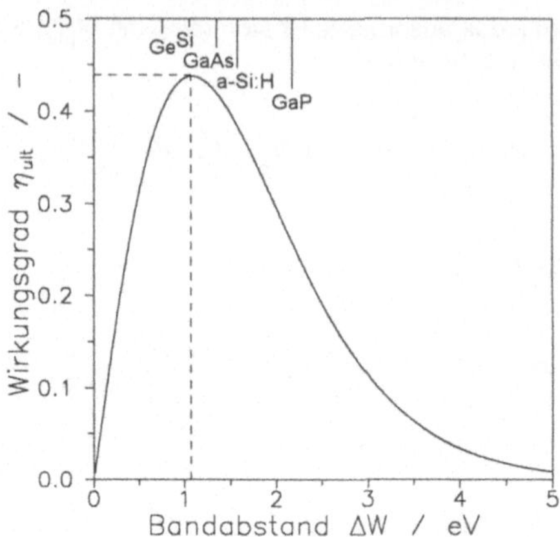

Abb. 3.4:   Grenzwirkungsgrad in Abhängigkeit vom Bandabstand.

Der errechnete Grenzwirkungsgrad setzt voraus, daß alle Photonen, welche der Bedingung $h\nu \geq h\nu_{gr}$ gehorchen, gleich gut absorbiert werden und bei der Absorption ein Elektron-Loch-Paar erzeugen. Letzteres ist meist gewährleistet, der erstgenannte Gesichtspunkt dagegen nicht. Quantitativ beschreibt der Absorptionskoeffizient $\alpha(\lambda)$ den "Erfolg" des Absorptionsvorganges bei der Wellenlänge λ, der Quantenwandlungs-wirkungsgrad $\eta_q(\lambda)$ die Anzahl von erzeugten Ladungsträgerpaaren pro absorbiertem Photon.

3.3. Beschreibung der Ladungsträgergeneration durch Absorption von Strahlung

Die Sonne als Sender optischer Strahlung kann, wie im 2. Kapitel gezeigt, in guter Näherung mit dem Modell des Schwarzen Körpers beschrieben werden. Dabei nimmt man einen Hohlraum an, in dem die spektrale Energiedichte $u_\lambda(\lambda)$ in Form von stehenden Wellen gespeichert ist. Derartige Überlegungen führen letztendlich zum PLANCKschen Strahlungsgesetz (Gl. 2.3). Es wird angenommen, daß der Schwarze Körper von einer ebenen Fläche in alle Richtungen des Halbraumes mit gleicher Strahldichte abstrahlt (LAMBERT-Strahler). Dies führt zu dem Zusammenhang zwischen der Energiedichte des Schwarzen Körpers und der sich mit Lichtgeschwindigkeit ausbreitenden spektralen Strahlungsleistungsdichte oder Bestrahlungsstärke in $W \cdot m^{-2}\, nm^{-1}$

$$E_{0,\lambda}(\lambda) = \frac{c_0}{4} \cdot u_\lambda(\lambda) \; . \tag{3.11}$$

Die Bestrahlungsstärke wird wegen des Sprunges der Brechzahl an der Grenze zwischen Vakuum und Halbleiteroberfläche teilweise reflektiert. Der Anteil $E_{0,\lambda}(\lambda) \cdot R(\lambda)$ wird in das Vakuum zurückgeworfen, während der Anteil $E_{0,\lambda}(\lambda) \cdot [1-R(\lambda)]$ in das Halbleitermaterial eindringt. Im Halbleiter wird die Strahlung durch Absorption geschwächt. Dabei werden Photonen vernichtet, indem sie ihre Energie an ein Elektron abgeben, das dabei vom Valenz- in das Leitungsband gehoben wird. Zur Beschreibung wird der spektrale Photonenstrom $\Phi_{p,\lambda}$ in $s^{-1}\,nm^{-1}$ eingeführt. Die einfallende spektrale Bestrahlungsstärke ist gequantelt, d.h. Energie wird "portionsweise" durch die Energiepakete Photonen mit $W_{phot} = h\nu$ übertragen. Entsprechend beträgt der Photonenstrom durch die Fläche A

$$\Phi_{p,\lambda}(\lambda) = A \cdot \frac{E_\lambda(\lambda)}{h\nu} = A \cdot \frac{E_\lambda(\lambda) \cdot \lambda}{h c_0} \ . \tag{3.12}$$

Anmerkung: Für schnelle Überschlagsrechnungen sollte man sich merken:

$$\frac{W}{eV} = \frac{1,24}{\lambda/\mu m} \quad \text{aus} \quad W = \frac{h c_0}{\lambda} \ .$$

Φ_p wird - homogene Halbleitereigenschaften vorausgesetzt - proportional zu seinem Wert an einem Ort x abgeschwächt. Als Konstante wird der Absorptionskoeffizient $\alpha(\lambda)$ eingeführt und es ergibt sich das LAMBERT-BEERsche Gesetz

$$-\left(\frac{\partial \Phi_{p,\lambda}(x,\lambda)}{\partial x}\right) = \alpha(\lambda) \cdot \Phi_{p,\lambda}(x,\lambda) \Rightarrow \Phi_{p,\lambda}(x,\lambda) = \Phi_{p,\lambda}(x=0,\lambda) \cdot e^{-\alpha(\lambda) \cdot x} \ . \tag{3.13}$$

Bei der Absorption von Photonen entstehen Elektron-Loch-Paare entsprechend der spektralen Generationsrate $G_\lambda(x,\lambda)$ proportional zur Verringerung der Photonenstromdichte $\Phi_{p,\lambda}/A$

$$G_\lambda(x,\lambda) = -\frac{\eta_q}{A} \cdot \left(\frac{\partial \Phi_{p,\lambda}(x,\lambda)}{\partial x}\right) = \frac{\eta_q}{A} \cdot \alpha(\lambda) \cdot \Phi_{p,\lambda}(x=0,\lambda) \cdot e^{-\alpha(\lambda) \cdot x} \quad \text{mit } \Delta W \le \frac{h \cdot c_0}{\lambda}. \tag{3.14}$$

Die hierbei auftretende Konstante η_q ist der Quantenwandlungswirkungsgrad.

Abschließend gibt Abb. 3.6 einen Überblick über Absorptionskoeffizienten $\alpha(\lambda)$. Die Absorption des indirekten Halbleiters kristallines Silizium (c-Si, seltener: x-Si) steigt mit der Photonenenergie geringer an als die des direkten Halbleiters Galliumarsenid (GaAs) oder die des quasi-direkten amorphen Siliziums (a-Si). Aus dem Diagramm geht weiter hervor, daß man im Mittel z.B. beim c-Si erheblich dickere ($\approx$ 100...200 µm) Materialschichten braucht als beim GaAs ($\approx$ 5...10 µm), um Licht zu absorbieren, da der Kehrwert des Absorptionskoeffizienten $1/\alpha$ die mittlere Eindringtiefe bei der Wellenlänge λ angibt (s. Gl. 3.13).

Im Sinne der photovoltaischen Energiewandlung haben wir bislang erst notwendige Voraussetzungen der Halbleitermaterialien erörtert, damit der innere Photoeffekt ablaufen kann. Trotz einer hohen Generationsrate hat noch keine technische Energiewandlung stattgefunden. Wenn wir das beleuchtete Halbleitermaterial sich selbst überlassen, rekombinieren die Überschußladungsträgerpaare alsbald wieder und gehen i. allg. in Wärme über. Hinreichend für den Erfolg der photovoltaischen Energiewandlung sind die Techniken der Trennung von Elektronen und Löchern.

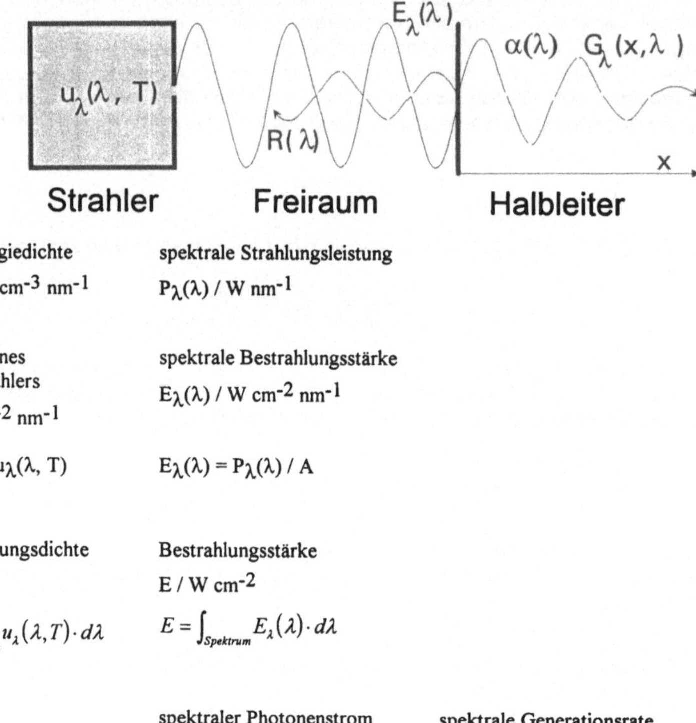

spektrale Energiedichte

$u_\lambda(\lambda, T)$ / Ws cm^{-3} nm^{-1}

spektrale Strahlungsleistung

$P_\lambda(\lambda)$ / W nm^{-1}

Abstrahlung eines
LAMBERT-Strahlers

$E_\lambda(\lambda)$ / W cm^{-2} nm^{-1}

$E_\lambda(\lambda) = \dfrac{c_0}{4} \cdot u_\lambda(\lambda, T)$

spektrale Bestrahlungsstärke

$E_\lambda(\lambda)$ / W cm^{-2} nm^{-1}

$E_\lambda(\lambda) = P_\lambda(\lambda) / A$

Strahlungsleistungsdichte
E / W cm^{-2}

$E = \dfrac{c_0}{4} \cdot \int_{Spektrum} u_\lambda(\lambda, T) \cdot d\lambda$

Bestrahlungsstärke
E / W cm^{-2}

$E = \int_{Spektrum} E_\lambda(\lambda) \cdot d\lambda$

dabei

$E = \int_{Spektrum} L(\Omega) \cdot d\Omega$

mit Strahldichte

$L(\Omega)$ / W cm^{-2} sr^{-1}

und

Raumwinkel

Ω / sr

spektraler Photonenstrom

$\Phi_{p,\lambda}(\lambda)$ / s^{-1} nm^{-1}

$\dfrac{\Phi_{p,\lambda}(\lambda)}{A} = \dfrac{E_\lambda(\lambda)}{h \cdot v} = \dfrac{E_\lambda(\lambda) \cdot \lambda}{h \cdot c_0}$

Photonenstrom

Φ_p / s^{-1}

$\Phi_p = \int_{Spektrum} \Phi_{p,\lambda}(\lambda) \cdot d\lambda$

spektrale Generationsrate

$G_\lambda(x, \lambda)$ / cm^{-3} s^{-1} nm^{-1}

$G_\lambda(x,\lambda) = \eta_q \cdot \alpha(\lambda) \cdot \dfrac{\Phi_{p,\lambda}(x,\lambda)}{A}$
$\cdot (1 - R(\lambda))$

Generationsrate

$G(x)$ / cm^{-3} s^{-1}

$G(x) = \int_{Spektrum} G_\lambda(x,\lambda) \cdot d\lambda$

Abb. 3.5:   Zusammenhänge zwischen den wichtigsten photoelektrischen Größen.

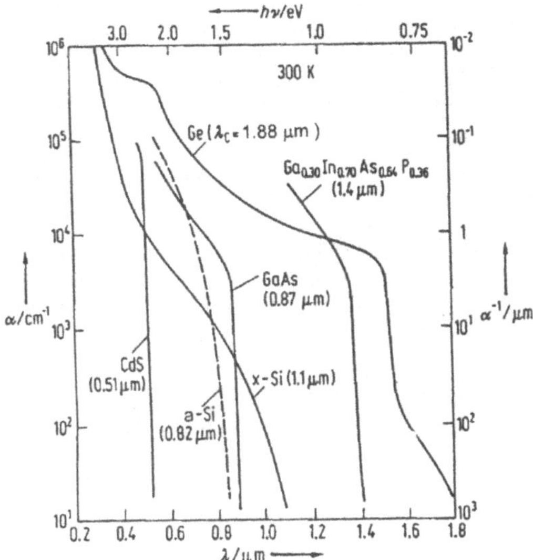

Abb. 3.6:   Absorptionskoeffizienten unterschiedlicher Halbleitermaterialien /3.2/.

3.4. Grundlagen der Halbleitertechnik für Solarzellen

Die aufeinander folgenden Grundprozesse der Photovoltaik sind die Absorption des Sonnenlichtes im Halbleitermaterial, die Wandlung der absorbierten Photonen in Elektron-Loch-Paare sowie die Trennung der zusätzlichen Ladungsträgerpaare.

Bei der *Absorption* des Sonnenlichtes spielt der Verlauf der Energiebänder im Impulsraum die entscheidende Rolle und unterscheidet direkte (wie GaAs und amorphes Si) von indirekten (wie c-Si, Ge) Halbleitern (Abb. 3.2). Beim *Wandlungsprozeß* spielen Geometrie (Sind die absorbierenden Bereiche dicker oder dünner als die Diffusionslänge der den Photostrom tragenden Ladungen? Wie stark ist der Einfluß der Oberfläche gegenüber dem Volumen der Solarzelle?) und Materialqualität (Wie groß sind Diffusionslänge und Oberflächenrekombinationsgeschwindigkeit?) die wichtigsten Rollen. Die *Trennung von lichterzeugten Ladungsträgerpaaren* ist eine Frage des Solarzellenkonzeptes. Bislang wird stets ein elektrisches Feld zur Trennung der Elektron-Loch-Paare eingesetzt. Im pn-Übergang oder im SCHOTTKY-Kontakt erstreckt sich das "eingebaute" Feld nur über die schmale Umgebung der Kontaktstelle der beiden unterschiedlichen Materialien. Zum Ort ihrer Trennung werden die Ladungsträgerpaare im allgemeinen als Diffusionsstrom geführt. Nur in Dünnschicht-Solarzellen, wie z.B. aus amorphem Silizium, werden sie bereits unmittelbar nach ihrer Generation im elektrischen Feld getrennt.

So ergeben sich zwei Grundstrategien:

> 1.) In schwach absorbierendem, indirekten Halbleitermaterial beobachten wir *ausgedehnte feldfreie Bahngebiete als Absorber* und einen *Diffusionsstrom der Überschußladungen zum meist oberflächennahen Feldbereich*, in dem die Trennung stattfindet.

> 2.) In stark absorbierendem, direkten Halbleitermaterial finden wir *dünne Halbleiterschichten als Absorber* mit einem *starken eingebauten elektrischen Feld*.

In beiden Fällen sind die Überschußladungen rekombinationsgefährdet. Das feldfreie Diffusionsgebiet setzt dem nichts außer einer möglichst großen Minoritätsträger-Diffusionslänge entgegen. Das Hochfeldgebiet verkraftet wegen seines Trennvermögens sehr viel geringere Diffusionslängen.

Beherrscht werden alle Halbleitervorgänge der Photovoltaik von wenigen Differentialgleichungen, welche Ströme und Ladungen bilanzieren, miteinander verknüpfen und mit Rand- und Anfangsbedingungen das Bauelement beschreiben. Dies sind die Stromgleichungen für Löcher und Elektronen

$$\vec{j}_p = \vec{j}_{p,feld} + \vec{j}_{p,diff} = q\,\mu_p\,p(x)\,\vec{E}(x) - q\,D_p\,grad\,p$$
$$\vec{j}_n = \vec{j}_{n,feld} + \vec{j}_{n,diff} = q\,\mu_n\,n(x)\,\vec{E}(x) + q\,D_n\,grad\,n\,,$$

*(3.15)

in denen die Mechanismen Feld- und Diffusionsstrom berücksichtigt werden, die zugehörigen Kontinuitätsgleichungen

$$\frac{\partial p}{\partial t} = -\frac{1}{q}\,div\,\vec{j}_p - \frac{\Delta p}{\tau_p} + G,$$
$$\frac{\partial n}{\partial t} = +\frac{1}{q}\,div\,\vec{j}_n - \frac{\Delta n}{\tau_n} + G\,,$$

(3.16)

in denen zeitliche Konzentrationsänderungen durch Stromfluß, Generation und Rekombination verrechnet werden und die aus der MAXWELLschen Gleichung $div\,\vec{D} = \rho$ abgeleitete POISSON-Gleichung

$$div\,\vec{E} = \frac{q}{\varepsilon_0 \varepsilon_r}\cdot\left(p - n + N_D^+ - N_A^- \pm N_{rek}^{+,-} \pm N_{trap}^{+,-}\right),$$

(3.17)

---

* Man vermeide Verwechslungen der elektrischen Feldstärke **E** und der Bestrahlungsstärke E.

die Potential und Raumladung mit einander verknüpft. Es werden bewegliche Ladungsträger (p, n) und ortsfeste Störstellen (N_D^+, N_A^-), Rekombinationszentren (N_{rek}) und Haftstellen (engl.: traps, N_{trap}) miteinander verrechnet.

Die Koeffizienten Beweglichkeit $\mu_{p,n}$, Diffusionskoeffizient $D_{p,n}$ und Lebensdauer $\tau_{p,n}$ bestimmen die Gleichungen und sind untereinander über die Einstein-Beziehung

$$D_{p,n} = U_T \cdot \mu_{p,n} \quad \text{mit} \quad U_T = \frac{kT}{q} \text{ und über die Diffusionslänge } L_{p,n}^2 = D_{p,n} \cdot \tau_{p,n} \tag{3.18}$$

verbunden. Alle Koeffizienten sind von der Dotierungskonzentration und damit meist auch vom Ort abhängig, ebenso vom Injektionsgrad und der Temperatur. Durch geschlossene analytische Rechnungen lassen sich unter Vernachlässigungen Näherungslösungen erzielen. Für präzise Aussagen, welche die verschiedenen Abhängigkeiten der Koeffizienten berücksichtigen, sind numerische Simulationen unerläßlich.

3.5. Überschußladungsträgerprofil in homogenem Halbleitermaterial

Die halbleitertechnische Grundaufgabe zur Photovoltaik besteht nun darin, die Überschußladungsträgerdichten im Halbleitermaterial bei optischer Generation zu bestimmen. Dabei geht man von den eindimensionalen Kontinuitätsgleichungen aus, in welche die optische Generationsrate G(x,λ) eingesetzt wird. Das Einsetzen aller Größen liefert

$$G_\lambda(x,\lambda) = \frac{E_{0,\lambda}(\lambda) \cdot \lambda}{hc_0} \cdot [1 - R(\lambda)] \cdot \eta_q \cdot \alpha(\lambda) \cdot e^{-\alpha(\lambda) \cdot x} = G_{0,\lambda}(\lambda) \cdot e^{-\alpha(\lambda) \cdot x}$$

$$\text{mit } G_{0,\lambda}(\lambda) = \frac{E_{0,\lambda}(\lambda) \cdot \lambda}{hc_0} \cdot [1 - R(\lambda)] \cdot \eta_q \cdot \alpha(\lambda) . \tag{3.19}$$

Wir wollen im Folgenden davon ausgehen, daß pro absorbiertes Photon im Mittel ein Elektron-Loch-Paar generiert, d.h. erzeugt wird, also $\eta_q = 1$ gilt. Ferner soll vorausgesetzt werden, daß der Halbleiter zunächst monochromatisch, aber mit endlicher Linienbreite und folglich mit endlicher Leistung bestrahlt werden soll. Für die auf die Probe im kleinen Wellenlängen-Intervall $\Delta\lambda$ zwischen λ und $\lambda + \Delta\lambda$ auftreffende monochromatische Bestrahlungsstärke

$$E_0(\lambda) = E(x=0, \lambda) = \int_{\Delta\lambda} E_{0,\lambda}(\lambda)\, d\lambda \tag{3.20}$$

ergibt sich dann die dazugehörige Generationsrate

$$G(x,\lambda) = \int_{\Delta\lambda} G_\lambda(x,\lambda)\, d\lambda = [1 - R(\lambda)] \cdot \frac{E_0(\lambda) \cdot \lambda}{hc_0} \cdot \alpha(\lambda) \cdot e^{-\alpha(\lambda) \cdot x} , \tag{3.21}$$

3. Halbleitermaterial für die photovoltaische Energiewandlung

die in die Kontinuitätsgleichungen für Elektronen und Löcher

$$\frac{\partial p}{\partial t} = -\frac{1}{q} \cdot \frac{\partial j_p}{\partial x} - \frac{p - p_0}{\tau_p} + G(\lambda), \qquad .$$

$$\frac{\partial n}{\partial t} = +\frac{1}{q} \cdot \frac{\partial j_n}{\partial x} - \frac{n - n_0}{\tau_n} + G(\lambda) \tag{3.22}$$

eingeht. Hinzu kommen die beiden Stromgleichungen

$$j_p(x) = q\mu_p\, p(x)\mathbf{E}(x) - qD_p \frac{\partial p}{\partial x},$$

$$j_n(x) = q\mu_n\, n(x)\mathbf{E}(x) + qD_n \frac{\partial n}{\partial x}. \tag{3.23}$$

Mit den Annahmen der Stationarität ($\delta/\delta t = 0$), der Niedrig-Injektion und Quasi-Neutralität ($\mathbf{E} \approx 0$ wegen optischer Paargeneration $\Delta n = \Delta p$) sowie der geometrischen Anordnung von Abb. 3.7a ergibt sich im homogenen n-leitenden Halbleitermaterial die Diffusionsgleichung der Löcher als Differentialgleichung der Minoritätsträger

$$\frac{\partial^2 \Delta p}{\partial x^2} - \frac{\Delta p}{L_p^2} = -\frac{G_o(\lambda)}{D_p} \cdot e^{-\alpha(\lambda)\cdot x}. \tag{3.24}$$

Für die Majoritätsträger Δn gilt eine identische Beziehung wegen $\Delta p(x) = \Delta n(x)$. In dieser inhomogenen Differentialgleichung 2. Ordnung gelten folgende Abkürzungen für die Überschußdichte der Löcher:

$$\Delta p(x) = p(x) - p_{n0}, \text{ wobei } N_D \cdot p_{n0} = n_i^2 \text{ mit } N_D = n_{n0} \text{ bei vollständiger Ionisation.}$$

Die Lösung von Gl. 3.24 gewinnt man in der Form

$$\Delta p^{\text{allgemein}}(x) = \Delta p^{\text{homogen}}(x) + \Delta p^{\text{partikulär}}(x). \tag{3.25}$$

Für die partikuläre Lösung soll der Ansatz

$$\Delta p^{\text{partikulär}}(x) = C \cdot e^{-\alpha(\lambda)\cdot x} \tag{3.26}$$

gelten. Zweimalige Ableitung und Einsetzen in Gl. 3.24 ergibt die Konstante C, die dann die partikuläre Lösung bestimmt

$$\Delta p^{\text{partikulär}}(x) = G_0 \tau_p \frac{1}{1 - \alpha^2 L_p^2} \cdot e^{-\alpha(\lambda)\cdot x}. \tag{3.27}$$

24

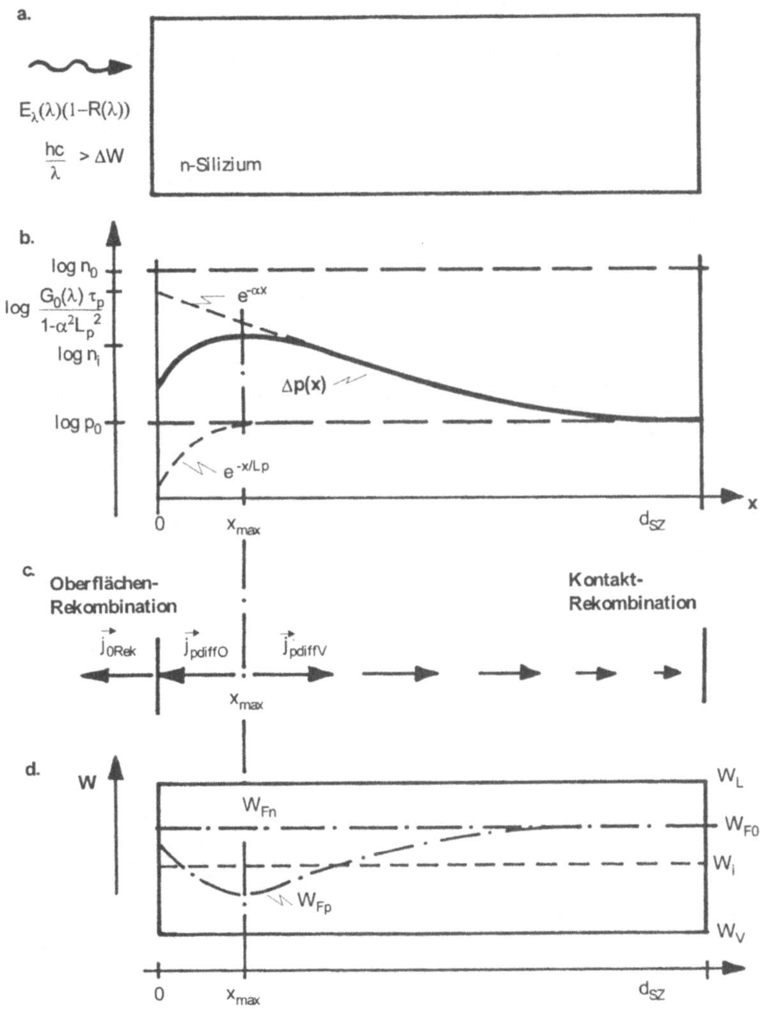

Abb. 3.7:   Überschußladungsträgerdichte $\Delta p(x)$ im monochromatisch beleuchteten homogenen Halbleitermaterial.
a: Geometrie, b: Ladungsträger-Profile, c: Stromdichten,
d: Energiebänder-Modell mit Quasi-Fermi-Energien.

Damit formuliert man Gl. 3.25 als Lösungsansatz

$$\Delta p^{\text{allgemein}}(x) = A \cdot e^{x/L_P} + B \cdot e^{-x/L_P} + \frac{G_0 \tau_p}{1 - \alpha^2 L_p^2} \cdot e^{-\alpha x} \tag{3.28}$$

Es folgt die Formulierung der beiden Randbedingungen (RB). Gemäß Abb. 3.7c soll an der Vorderseite der Halbleiterprobe (x = 0) zusätzliche Oberflächenrekombination die Oberflächendichte der optisch generierten Löcher herabsetzen. Dies wird durch einen Oberflächenrekombinationsstrom beschrieben, der durch einen Diffusionsstrom versorgt werden muß. So ergibt sich

$$\text{RB1}: \ -q \cdot s \cdot \Delta p(x{=}0) = -q D_p \left(\frac{d\Delta p}{dx} \right)_{x=0} \tag{3.29}$$

mit der Oberflächenrekombinationsgeschwindigkeit s. An der Rückseite der Halbleiterprobe (x = d_{SZ}) soll nach Abb. 3.7b die Überschußladungsträgerdichte auf Null zurückgegangen sein, sei es aus Gründen rückseitiger Oberflächenrekombination am Kontakt oder sei es aufgrund des über mehrere Diffusionslängen vollständig abgebauten Trägerprofiles

$$\text{RB2}: \ \lim_{x \to d_{SZ}} \Delta p(x) = 0. \tag{3.30}$$

Dies erzwingt sogleich A = 0. Aus RB 1 gewinnt man eine Bestimmungsgleichung für B

$$B = -\frac{G_0 \tau_p}{s + D_P/L_P} \cdot (D_P \alpha + s) \cdot \frac{1}{1 - \alpha^2 L_p^2}, \tag{3.31}$$

womit man nach kurzer Rechnung

$$\Delta p(x) = \frac{G_0 \tau_p}{1 - \alpha^2 L_p^2} \cdot \left[e^{-\alpha x} - \frac{s + \alpha D_P}{s + D_P/L_P} \cdot e^{-x/L_P} \right] \tag{3.32}$$

findet. Wie auch in Abb. 3.7b angedeutet, bestimmen zwei Exponentialfunktionen der Materialparameter $\alpha = f(\lambda)$ und $L_p \neq f(\lambda)$ das Profil der Überschußladungsträger und führen zum Maximum bei x_{max}, wie es für photoelektrische Profile typisch ist. Vom Maximalwert p_{max} aus fließen zwei Diffusionsströme in entgegengesetzte Richtungen: $j_{p,\text{Diff,V}}$ in das Volumen und $j_{p,\text{Diff,0}}$ zur Oberfläche (Abb. 3.7c). Verständlich ist, daß beide einander elektrisch entgegenwirken. Das Profil verdeutlicht aber, daß die höchste photoelektrische Wirksamkeit nicht an der lichtausgesetzten Oberfläche liegt, sondern typischerweise ein bis zwei Diffusionslängen unter ihr.

Im infraroten Bereich des Spektrums ist das Absorptionsvermögen des kristallinen Siliziums gering, so daß dort für realistische Diffusionslängen ($L_p \approx 100 \ \mu m = 10^{-2}$ cm) $\alpha L_p \ll 1$ vorausgesetzt werden kann. Die mittlere Eindringtiefe $1/\alpha$ des Lichtes übersteigt in diesem Fall eine Diffusionslänge. In den sichtbaren Teil des Spektrums hinein wächst α um Größenordnungen an, die Eindringtiefe sinkt entsprechend. Nunmehr gilt $\alpha L_p \gg 1$. Zur Beibehaltung eines positiven Koeffizienten von $\Delta p(x)$ wird Gl. 3.32 umformuliert

$$\Delta p(x) = \frac{G_0 \tau_p}{\alpha^2 L_p^{\,2} - 1} \cdot \left[\frac{s + \alpha D_p}{s + D_p / L_p} \cdot e^{-x/L_p} - e^{-\alpha x} \right]. \tag{3.33}$$

Diese wichtige Gleichung soll nun diskutiert werden. Zuerst wird mit Gl. 3.12 und 3.21 der Bezug zur auffallenden Strahlungsleistungsdichte $E_0(\lambda)$ hergestellt. Für die Überschußladungsträgerkonzentration ergibt sich unter Vernachlässigung von Reflexionsverlusten $(R(\lambda) = 0)$

$$\Delta p(x) = \frac{\alpha \lambda E_0(\lambda) \tau_p}{h c_0 (\alpha^2 L_p^{\,2} - 1)} \cdot \left[\frac{s + \alpha D_p}{s + D_p / L_p} \cdot e^{-x/L_p} - e^{-\alpha x} \right]. \tag{3.34}$$

Wir wollen nun den Maximalwert von Überschußladungsträgern und die damit zusammenhängende Wandlung von Lichtleistung im Halbleitermaterial abschätzen. Im Falle verschwindender Oberflächenrekombination (ideal passivierte Oberfläche, $s = 0$) vereinfacht sich Gl. 3.34 zu

$$\Delta p(x) = \frac{\alpha \lambda E_0(\lambda) \tau_p}{h c_0 (\alpha^2 L_p^{\,2} - 1)} \cdot \left[\alpha L_p \cdot e^{-x/L_p} - e^{-\alpha x} \right], \tag{3.35}$$

für dominierende Oberflächenrekombination $(s \to \infty)$ ergibt sich

$$\Delta p(x) = \frac{\alpha \lambda E_0(\lambda) \tau_p}{h c_0 (\alpha^2 L_p^{\,2} - 1)} \cdot \left[e^{-x/L_p} - e^{-\alpha x} \right]. \tag{3.36}$$

Zwischen diesen beiden Ausdrücken Gln. 3.35 und 3.36 liegt die gesamte mögliche physikalische Realität. Der in der Praxis für kristallines Silizium erreichbare Wertebereich für die Oberflächenrekombinationsgeschwindigkeit s umfaßt $10^2 \, \text{cm/s} \le s \le v_{th}$ ($\approx 10^7$ cm/s). Der mathematische Wert $s \to \infty$ entspricht physikalisch $s = v_{th}$.

Die Überschußladungsträgerkonzentration an der Oberfläche $\Delta p(x{=}0)$ kann nun bestimmt werden. Dafür wird von verschwindender Oberflächenrekombination ausgegangen. Ferner nehmen wir vereinfachend an, daß eine Bestrahlungsstärke von 100 mW/cm^2 (entsprechend dem AM1,5$_{global}$-Spektrum) bei einer mittleren Wellenlänge $\bar{\lambda}$ eingestrahlt werde. Für $\bar{\lambda}$ wird die Wellenlänge des solaren Strahlungsmaximums 520 nm eingesetzt. Aus Abb. 3.6 erhalten wir bei $\bar{\lambda}$ für den Absorptionskoeffizienten $\bar{\alpha} = 10^4$ cm^{-1}. Dies entspricht einer Eindringtiefe des Lichtes von 1 μm und es gilt $\alpha L_p = 100$. Schließlich wird die Lebensdauer τ_p zu

$$\tau_p = \frac{L_p^2}{D_p} = \frac{L_p^2}{kT / q \cdot \mu_p} = \frac{(100 \mu m)^2}{0{,}025 V \cdot 480 cm^2 / Vs} \approx 10 \, \mu s \tag{3.37}$$

angenommen. Mit diesen Parametern eingesetzt ergibt sich die Oberflächengenerationsrate zu

$$G_0(\lambda) = G(x = 0, \lambda) = \bar{\alpha} E \frac{\bar{\lambda}}{h c_0} \approx 2{,}6 \cdot 10^{21} cm^{-3} s^{-1}$$

und für $\Delta p(x{=}0)$ erhält man

27

$$\Delta p(x=0) \approx \frac{G_0(\lambda)\tau_p}{\alpha L_p} = 2,6 \cdot 10^{14}\, cm^{-3}.$$

Dieses Ergebnis stellt eine obere Abschätzung dar. In der Realität wird insbesondere der infrarote Anteil des AM1,5$_{global}$-Spektrums nicht zur Generation führen, außerdem werden viele der generierten Ladungsträgerpaare sofort an der Oberfläche rekombinieren. Ferner fällt die Überschußladungsträgerkonzentration exponentiell in das Volumen hinein ab. Somit kann davon ausgegangen werden, daß für gebräuchliche Dotierungs-konzentrationen N_A, $N_D > 10^{15}$ cm^{-3} die Gleichgewichtskonzentration freier Träger durch die Überschußladungsträgerkonzentration nicht überschritten wird. Es ist also sichergestellt, daß sich kristallines Silizium bei Bestrahlung mit nicht-konzentriertem Sonnenlicht in schwacher Injektion befindet. Dieser Umstand ist für die Herleitung einer geschlossenen Lösung für die Strom-Spannungs-Kennlinie einer Solarzelle (in Kapitel 4) sehr wesentlich.

3.6. Strategien zur Trennung der generierten Überschußladungsträger

So wie in Abb. 3.7 und Gl. 3.32 beschrieben, können *photoelektrische* Profile von Überschußladungsträgern noch keine *photovoltaische* Energiewandlung bewirken: es gilt ja stets Quasi-Neutralität $\Delta p \cong \Delta n$ und $\mathbf{E} \approx 0$. Erst bei Hochinjektion (z.B. $\Delta p \approx \Delta n > N_D$) entwickeln sich innere Feldstärken aufgrund von Ladungsträger-Trennung (DEMBER-Effekt). Bei der für Photovoltaik vorherrschenden Niedrig-Injektion müssen zusätzliche Maßnahmen ergriffen werden, damit Ladungsträger-Trennung einsetzt.

Unsere Aufgabe ist es, weitgehend identische Profile von Überschußladungsträgern voneinander zu trennen, bevor diese miteinander rekombinieren. Nach der Trennung sollen Elektronen und/oder Löcher über den Lastwiderstand fließen und an ihm Arbeit leisten, bevor sie zum Halbleiter zurückkehren.

Zahlenwerte für T=300K	Elektronen	Löcher
Ladung	-q	+q
Masse	$m_n = f(W_L(k_L))$	$m_p = f(W_V(k_V))$
Diffusionskoeffizient	$D_n = 35\ cm^2s^{-1}$	$D_p = 12\ cm^2s^{-1}$
Beweglichkeit	$\mu_n = 1350\ cm^2V^{-1}s^{-1}$	$\mu_p = 480\ cm^2V^{-1}s^{-1}$
HALL-Konstante	$R_H < 0$	$R_H > 0$

Tab. 3.1: Eigenschaften von Elektronen und Löchern in kristallinem Silizium. Zahlenwerte für niedrige Dotierungskonzentration (N_A, $N_D < 10^{17}$ cm^{-3}).

Wir müssen alle Gesichtspunkte erwägen, nach denen sich die Eigenschaften von Elektronen und Löcher unterscheiden. Die Tabelle 3.1 stellt sie zusammen.

Mit Hilfe von elektrischen oder magnetischen Feldern (Abb. 3.8) können wir die Ladungen unterschiedlichen Vorzeichens beeinflussen, sich in verschiedene Richtungen zu bewegen. Woher diese Felder stammen, bleibt hier zunächst offen. Falsch wäre es sicher, sie mittels zusätzlicher elektrischer Energie zu erzeugen. Vielmehr sollten diese Felder permanent als Teil der Solarzelle wirken, also z.B. als ferroelektrischer oder ferromagnetischer Belag. Technisch ist das z.T. schwer zu bewerkstelligen (z.B. Abb. 3.8a/c, Elektroden befinden sich auf den Schmalseiten der Zellen!).

Nur Typ 3.8b ist bisher realisiert. Hier wird im Halbleiter durch Einbau unterschiedlicher Dotierungsatome ein pn-Übergang erzeugt, an dem sich eine Raumladungszone mit eingebautem elektrischen Feld bildet. Leider ist diese räumlich begrenzt, so daß nur in einem sehr beschränkten Bereich die Trennung der Elektron-Loch-Paare von statten geht. Bis zur Raumladungszone bewegen sich die Ladungsträgerpaare als Diffusionsstrom und sind dabei ständig von Rekombination bedroht. In Dünnschichtsolarzellen aus z. B. amorphem Silizium ist wegen der zahlreichen Aufbaudefekte im amorphen Netzwerk der Atome die Gefahr der Rekombination sehr viel größer als im kristallinen Material. In diesem Fall macht man die gesamte Solarzelle zwischen zwei flächenhaften Kontakten zum Feldgebiet, indem man eigenleitendes (intrinsisches) Material verwendet und nur an den Rändern stark dotiert. Es ergibt sich also eine pin-Struktur. Beim pn-Übergang befindet sich das Feld nahe der oberflächenzugewandten Seite, im pin-Bauelement erstreckt sich das Feld über nahezu die gesamte Solarzelle.

Für eine DEMBER-Solarzelle (Abb. 3.8 mitte rechts) nutzt man die unterschiedlichen Diffusionskoeffizienten von Elektronen und Löchern zur Ladungstrennung bei Hochinjektion aus. Die trennende Wirkung des DEMBER-Effektes wird ohne zusätzliche Maßnahmen wie pn-Übergang o.ä. wirksam.

Als notwendige Bedingung für einsetzende Generation ist die Energieschwelle der Photonen $h\nu \geq W_L - W_V$ zu betrachten. Mit einem Quantenwandlungswirkungsgrad $\eta_q = 1$ im Bereich des Sonnenspektrums errechnet man damit den photovoltaischen Grenzwirkungsgrad, der auf Silizium und Galliumarsenid als Vorzugsmaterialien hinweist. Der wellenlängenabhängige Absorptionskoeffizient variiert stark für direkte Halbleiter (z.B. GaAs; a-Si) gegenüber dem der indirekten Halbleiter (z.B. c-Si) und bestimmt als hinreichende Bedingung die photoelektrischen Überschußprofile der Ladungsträgertypen. Deren technische Trennung mit elektrischer Feldstärke begründet erst die photovoltaische Energiewandlung.

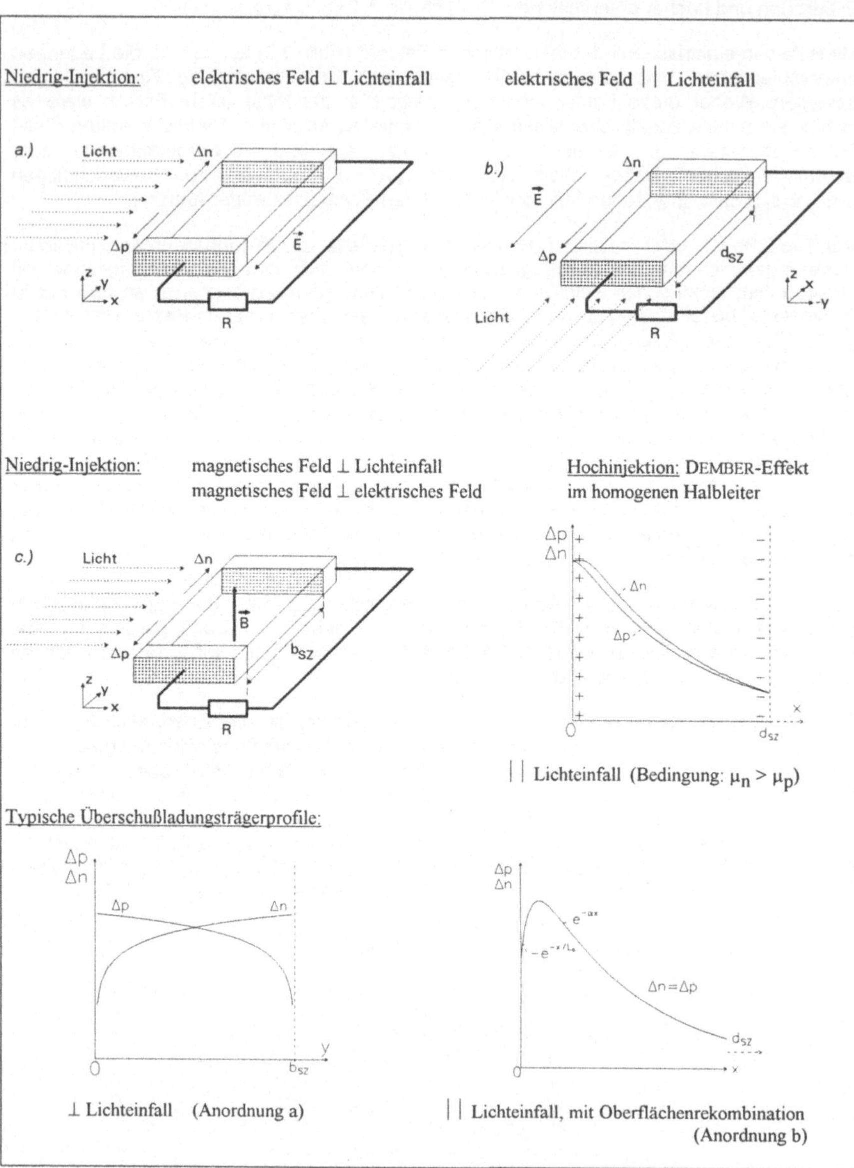

Abb. 3.8:   Strategien zur Trennung von Überschußladungsträgerprofilen.

3.7. Reflexionsverluste

Neben einer effizienten Strategie zur Trennung der im Halbleiter generierten Ladungsträger ist die Minimierung von Reflexionsverlusten von entscheidender Bedeutung für den Wirkungsgrad einer Solarzelle.

Die abrupte Änderung der Brechzahl an der Phasengrenze Luft/Solarzelle bewirkt, daß ein Teil der Strahlung nicht in das Bauelement eindringen kann, sondern von der Oberfläche zurückgeworfen wird. Dieser Anteil an der Gesamtbestrahlungsstärke wird mit dem Reflexionsfaktor $R(\lambda)$ beschrieben. Die Wellentheorie leitet für die Reflexion an der Trennfläche zweier Medien bei senkrechtem Lichteinfall

$$R(\lambda) = \left| \frac{n_0(\lambda) - n_1(\lambda)}{n_0(\lambda) + n_1(\lambda)} \right|^2 \tag{3.38}$$

her. Darin sind n_0 und n_1 die wellenlängenabhängigen Brechzahlen der beiden Materialien. Die Brechzahl der wichtigsten Solarzellenmaterialien liegt im Bereich des Sonnenspektrums bei etwa $n = 4$ (siehe Abb. 3.10). Folglich gelangen ohne eine optische Vergütung der Oberfläche nur etwa zwei Drittel der Strahlung in die Solarzelle, der Rest geht wird zurückgespiegelt. Gelingt es, diese Verluste vollständig zu unterdrücken, so läßt sich der Photostrom und damit auch der Energiewandlungs-Wirkungsgrad um bis zu 50% steigern. Diesem Ziel versucht man durch Aufbringung dünner Schichten und/oder durch den Einbau von "Reflexfallen" möglichst nahe zu kommen. Der zweite Weg wird im Kap. 5.6 beschrieben, hier soll die vergütende Wirkung dünner Schichten erläutert werden.

Durch eine zusätzlich aufgebrachte (transparente) Schicht entsteht eine weitere reflektierende Phasengrenze. Liegt die Schichtdicke innerhalb der Kohärenzlänge des Sonnenlichtes (bis zu einigen 100 nm), so entstehen ähnlich wie an einer Seifenblase Interferenzerscheinungen (Abb. 3.9). Eine Schichtdicke, die einem Viertel der Wellenlänge entspricht, führt zu einem Gangunterschied von 180° zwischen einfallendem und reflektiertem Strahl und damit zu destruktiver Interferenz der an der äußeren und der inneren Phasengrenze reflektierten Wellen im Bereich außerhalb der Solarzelle. Es ist möglich, für einen begrenzten Wellenlängenbereich die gesamte Strahlung in das Bauelement einzukoppeln, wenn man die Brechzahl der Zwischenschicht optimal an die des Außenraumes (Luft: $n_0 \approx 1$) und die des Solarzellenmateriales anpaßt. Voraussetzung ist die Gleichheit der an den beiden Grenzflächen reflektierten Wellenamplituden. Ausgehend von Gl. 3.38 erhält man nach kurzer Rechnung für die Brechzahl der Zwischenschicht

$$n_1 = \sqrt{n_0 \cdot n_2} \; . \tag{3.39}$$

Für die Passivierung der meisten Solarzellen-Substrate sind folglich transparente Materialien mit einer Brechzahl $n_1 \approx 2$ gut geeignet. Häufig werden Schichten aus SiO_2, Si_3N_4, TiO_x, MgF_2, TaO_5 genutzt. Auch elektrisch aktive Schichten wie z.B. die Kontakte aus SnO_2 oder ZnO einer a-Si:H- oder die $Al_xGa_{1-x}As$-Fensterschicht einer GaAs-Solarzelle wirken reflexionsmindernd.

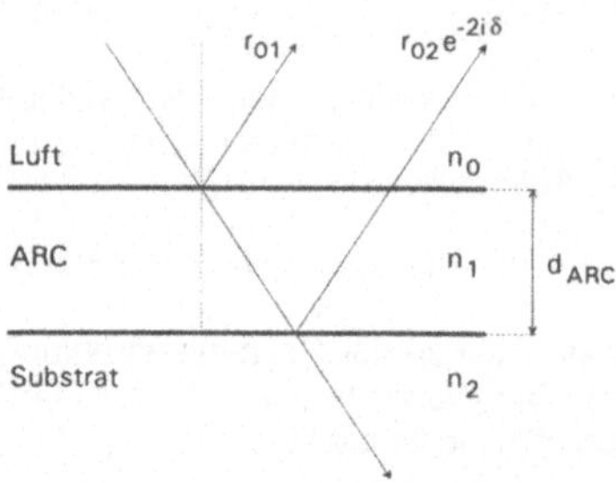

Abb. 3.9: Reflexion einer Welle an einer Solarzelle mit Antireflexionsschicht.

In der Praxis hat man die spektrale Zusammensetzung des eingestrahlten Lichtes und dessen Bewertung durch die Solarzelle, den inneren Quantenwirkungsgrad, zu berücksichtigen. Eine Orientierung an der Lage des Maximums der Sonnenstrahlung im Bereich 500 nm $< \lambda <$ 600 nm führt zu guten Ergebnissen. Nicht immer ist ein Material mit der optimal geeigneten Brechzahl verfügbar. Dieses Problem kann durch Aufbringung zwei- oder mehrlagiger Antireflexionsschichten (engl.: anti-reflective coating, ARC) gelöst werden. Als Beispiel wird in Abb. 3.10 der spektrale Verlauf des Reflexionsfaktors eines unbeschichteten Silizium-Substrates im Vergleich zu optisch vergüteten Substraten gezeigt. Man erkennt, daß sich schon mit dem von der Brechzahl her nicht optimalen, aber technologisch einfach aufzubringenden SiO_2 eine erhebliche Verringerung der Reflexionsverluste erreichen läßt.

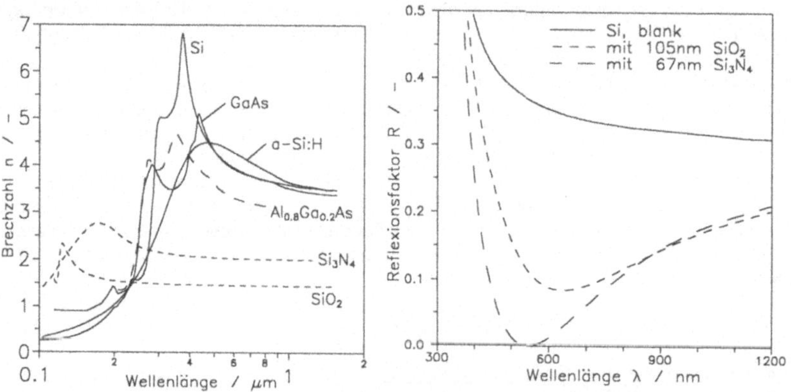

Abb. 3.10: links: Spektraler Brechzahlverlauf von Solarzellen-Substratmaterialien (durchgezogen) und optischen Vergütungsschichten (gestrichelt).
rechts: Spektralverlauf des Reflexionsfaktors an einem unbeschichteten, einem mit 105 nm SiO_2 und einem mit 67 nm Si_3N_4 beschichteten Si-Substrat.

4. Grundlagen für Solarzellen aus kristallinem Halbleitermaterial

4.1. Die Halbleiterdiode als Solarzelle

Eine Solarzelle ist ein optoelektronisches Bauelement, in dem durch Lichtabsorption freie Elektron-Loch-Paare generiert und danach voneinander getrennt werden. So wird ein Potentialunterschied erzeugt, der einen elektrischen Strom treiben kann. Als Bauelemente für die photovoltaische Energiewandlung sind Halbleiterdioden geeignet. In ihnen entsteht durch den Kontakt von n-leitendem und p-leitendem Halbleitermaterial in der Umgebung der Grenzfläche eine Raumladungszone (RLZ). Aus dem n-leitenden Bereich diffundieren die dort sehr zahlreichen Elektronen in das p-Gebiet, in dem fast nur Löcher als bewegliche Ladungsträger existieren. Umgekehrt diffundieren Löcher in das n-Gebiet. Die herüberdiffundierten Ladungsträger rekombinieren nunmehr als Minoritätsträger mit den Majoritäten, sowohl in der RLZ als auch im angrenzenden Bereich. In den vorher elektrisch neutralen Bahngebieten bleiben unbewegliche Störstellen zurück, positiv geladene Donatoren im n-Gebiet und negativ geladene Akzeptoren im p-Gebiet. Zwischen den Bereichen unterschiedlicher Ladungen baut sich ein elektrisches Feld auf, das einen Strom verursacht, welcher der Diffusionsbewegung entgegengerichtet ist und somit einen vollständigen Konzentrationsausgleich von n- und p-Gebiet verhindert.

Ist die unbeleuchtete Diode nach außen zunächst spannungslos, so halten sich Diffusions- und Feldstrom an jedem Ort im Bauelement die Waage. Eine angeschlossene Last bleibt stromlos. Wird die Diode nun mit Licht bestrahlt, so kann das Feld der Raumladungszone genutzt werden, um die optisch generierten Ladungsträgerpaare voneinander zu trennen. Deren Bewegung wird als Photostrom gemessen.

Nach SHOCKLEY /4.1/ läßt sich der Photostrom als Summe der beiden Minoritätsträgerströme am Rand der RLZ (Elektronen im p-, Löcher im n-Gebiet) beschreiben, wenn die Rekombination in der RLZ vernachlässigt wird. Zusätzlich wird von schwacher Injektion (Minoritätsträgerkonzentration $\ll$ Majoritätsträgerkonzentration) und von quasi-neutralen Bahngebieten ausgegangen, d.h. der Spannungsabfall erfolgt vollständig über der RLZ. Unter diesen Voraussetzungen kann die Strom-Spannungs-Kennlinie der beleuchteten Halbleiter-Diode nach dem *Superpositionsprinzip* aus einem nur von der Spannung abhängigen Diodenstrom $I_D(U)$ und einem nur von der Bestrahlungsstärke abhängigen Photostrom $I_{phot}(E)$ hergeleitet werden. Beide Stromanteile überlagern sich unabhängig voneinander (Abb. 4.1). Je nachdem, ob es sich um eine pn- oder np-Diode handelt, unterscheidet man

pn-Übergang   (a)   np-Übergang   (b)

$$I(U) = I_D(U) - I_{phot}(E) \qquad\qquad I(U) = -I_D(U) + I_{phot}(E)$$

$$I(U) = I_0 \cdot \left[e^{U/U_T} - 1\right] - I_{phot}(E) \qquad I(U) = -I_0 \cdot \left[e^{-U/U_T} - 1\right] + I_{phot}(E)$$

$$\text{mit } I_K = I(U{=}0) = -I_{phot}(E) \qquad\qquad \text{mit } I_K = I(U{=}0) = +I_{phot}(E)$$

$$\text{und } U_L = U(I{=}0) = U_T \ln\left(1 + I_{phot}/I_0\right) \qquad \text{und } U_L = -U(I{=}0) = -U_T \ln\left(1 + I_{phot}/I_0\right) \quad,$$

wobei die thermische Spannung $U_T = kT/q = 25\,\text{mV}$ für $T = 300\text{K}$.   (4.1)

Der Kurzschlußstrom I_K (engl. I_{sc}; sc = short circuit) und die Leerlaufspannung U_L (engl. V_{oc}; oc = open circuit) sind die Schnittpunkte der I(U)-Kennlinie mit den Koordinaten-Achsen. Die Vorzeichen hängen mit der relativen Lage der Struktur zur Einfallsrichtung des Lichtes zusammen. In der pn-Struktur sind die Einfallsrichtung des Lichtes und der Photostrom entgegengesetzt, in der np-Struktur sind sie gleich gerichtet. Insofern ist es wegen der i. allg. unsymmetrischen Geometrie der Solarzelle notwendig, die Schichtenfolge zu beachten. Trotzdem soll hier stets die Form der Gl. 4.1a verwendet werden, um Unklarheiten hinsichtlich des Vorzeichens von I und U zu vermeiden.

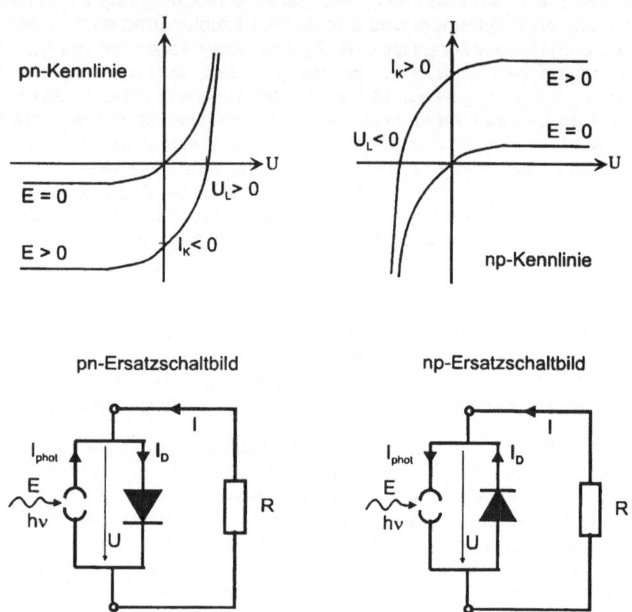

Abb. 4.1:   Kennlinien und Ersatzschaltbilder von pn-Übergängen (links) und np-Übergängen (rechts).

4.2. Grundmodell einer kristallinen Solarzelle

Wir betrachten das SHOCKLEY-Modell des abrupten np-Überganges. Die Abb. 4.2a zeigt die Geometrie der betrachteten np-Diode. Links liegt der Emitter aus n-leitendem Material (n-HL), rechts die erheblich tiefere Basis ($d_{em} \ll d_{ba}$) aus p-leitendem Material (p-HL). Diese Anordnung berücksichtigt, daß innerhalb der tiefen p-Basis die Elektronen als Minoritätsträger den Photostrom erzeugen. Da die Elektronen eine sehr viel größere Diffusionskonstante als die Löcher haben, ist der sich ergebende Photostrom bei gleicher Überschußdichte von Elektronen und Löchern in diesem Fall um den Faktor D_n/D_p (≈ 3) größer. Die Emitterdotierung wird sehr hoch gewählt, damit die RLZ schnell abklingt

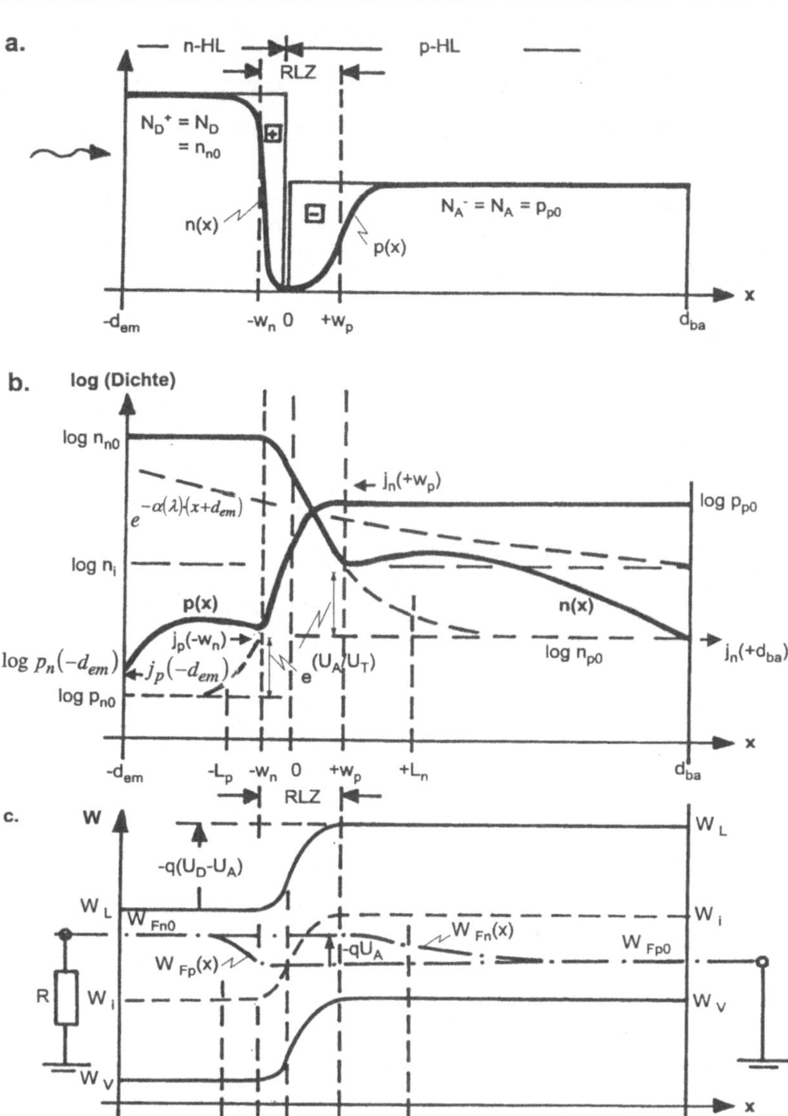

Abb. 4.2: Modell des abrupten np-Überganges mit Beleuchtung durch das n-Gebiet.

und somit dünne Emitter präpariert werden können. Das Bauelement wird eindimensional beschrieben, der Nullpunkt der x-Achse liegt im Kontaktpunkt der Bereiche unterschiedlichen Leitungstypes, am Orte des *metallurgischen Überganges*. Schließlich zeigt Abb. 4.2c das Energiebänder-Modell mit den *Quasi-Fermi-Energien* als Maß für das durch optische Generation erzeugte Nichtgleichgewicht im Bauelement (im Gleichgewicht gilt $W_{fn} = W_{fp}$).

Die Abb. 4.2b zeigt den schematisierten Verlauf der Konzentrationsprofile aller beteiligten Ladungen für einen Arbeitspunkt $U > 0$. Die Überschußladungen folgen in den Bahngebieten dem durch die Absorption vorgegebenen exponentiellen Verlauf. Am Raumladungszonenrand erkennt man

1. die dem Arbeitspunkt (U_A, I_A) entsprechenden Abweichungen der Konzentrationen vom Gleichgewichtswert um den BOLTZMANN-Faktor $\exp(U_A/U_T) > 1$ (mit $U_T = kT/q$) und

2. die Tangenten an den Konzentrationsprofilen, die den *Photostrom* I_{phot} als Teilchen-Diffusionsstrom entsprechend dem Arbeitspunkt bestimmen:
$$j_p(-w_n) \sim -grad(\ p(-w_n)\ ) > 0, \qquad j_n(+w_p) \sim +grad(\ n(+w_p)\ ) > 0.$$
Hier erkennt man anschaulich, daß am np-Übergang der Photostrom entsprechend Abb. 4.1 ein positives Vorzeichen trägt.

Weiterhin zeigt Abb. 4.2b an der Oberfläche ($x = -d_{em}$) Oberflächenrekombination und an der Rückseite ($x = d_{ba}$) den vollständigen Abbau der Überschußladungen. In beiden Gebieten (Emitter und Basis) entstehen dabei Profile ähnlich denjenigen des in Abschnitt 3.5 betrachteten homogenen Halbleiters.

Als Folge der SHOCKLEYschen Voraussetzungen läßt sich der Gesamtstrom einer Halbleiter-Diode durch die Summe der Minoritätsträgerströme an den Grenzen der RLZ ausdrücken. Wegen des großen Beitrages zum Photostrom aus der Basis in den weitverbreiteten Silizium-Solarzellen wird zunächst dieser Anteil diskutiert.

4.2.1. Elektronenstrom

Die Annahme der Feldfreiheit in dem p-leitenden Bahngebiet erlaubt es, den Minoritätsträgerstrom durch seinen Diffusionsanteil zu nähern. In der Basis ergibt sich der Elektronenstrom folglich zu

$$j_{n.diff}(\lambda, U)\Big|_{x=w_p} = qD_n \frac{\partial n(x)}{\partial x}\Big|_{x=w_p} . \tag{4.2}$$

Die stationäre Bilanzgleichung der Elektronen lautet

$$0 = \frac{1}{q} \cdot \frac{\partial j_n(x)}{\partial x} - \frac{\Delta n(x)}{\tau_n} + G(x, \lambda) \quad \text{mit } \Delta n(x) = n(x) - n_{p0} . \tag{4.3}$$

Darin ist n_{p0} die Gleichgewichtskonzentration der Elektronen in der Basis. Durch Einsetzen und Beachtung von $L_n^2 = D_n \cdot \tau_n$ erhält man die Diffusionsgleichung der Elektronen

$$\frac{\partial^2 \Delta n(x)}{\partial x^2} - \frac{\Delta n(x)}{L_n^2} = -\frac{G_0(\lambda)}{D_n} \cdot e^{-\alpha(\lambda)(x+d_{em})} \; . \tag{4.4}$$

Sie wird im Anhang 2 unter Beachtung der Randbedingungen gelöst. Am Rand der Raumladungszone erfolgt eine Anhebung der Ladungsträgerkonzentration um den Boltzmann-Faktor (Die Flußspannung wird hier aus didaktischen Gründen mit positivem Vorzeichen verrechnet, obwohl sie in der np-Struktur ein negatives Vorzeichen aufweist.)

$$\lim_{w_p \to 0} \Delta n(x = w_p) = n_{p0}\left(e^{U/U_T} - 1\right). \tag{4.5}$$

Am rückwärtigen Ende des Bauelementes erfolgt eine vollständige Umwandlung des Minoritätsträgerdiffusionsstromes in Oberflächenrekombinationsstrom

$$-q \cdot s_n \cdot \Delta n(x = d_{ba}) = +q D_n \frac{\partial \Delta n(x)}{\partial x}\bigg|_{x=d_{ba}} \; . \tag{4.6}$$

Die Lösung lautet

$$j_{n,diff}(\lambda,U)\big|_{x=0} = q D_n \frac{\partial \Delta n(x)}{\partial x}\bigg|_{x=0}$$

$$= -q n_i^2 \frac{D_n}{L_n N_A}\left(e^{U/U_T} - 1\right) \frac{\dfrac{D_n}{L_n}\sinh\dfrac{d_{ba}}{L_n} + s_n\cosh\dfrac{d_{ba}}{L_n}}{\dfrac{D_n}{L_n}\cosh\dfrac{d_{ba}}{L_n} + s_n\sinh\dfrac{d_{ba}}{L_n}} + \frac{q L_n G_0(\lambda)}{1 - \alpha(\lambda)^2 L_n^2} \cdot e^{-\alpha(\lambda) d_{em}}$$

$$\cdot \left[-\alpha(\lambda) L_n + \frac{(D_n \alpha(\lambda) - s_n)e^{-\alpha(\lambda) d_{ba}} + \dfrac{D_n}{L_n}\sinh\dfrac{d_{ba}}{L_n} + s_n\cosh\dfrac{d_{ba}}{L_n}}{\dfrac{D_n}{L_n}\cosh\dfrac{d_{ba}}{L_n} + s_n\sinh\dfrac{d_{ba}}{L_n}} \right] \; . \tag{4.7}$$

Der zweite Summand ist der wesentliche Anteil des Photostromes $j_{n,phot}$, und es gilt entsprechend Gl. 4.1 für einen np-Übergang

$$j_n(U,\lambda,x=0) = -j_{n0} \cdot (e^{U/U_T} - 1) + j_{n,phot}(\lambda). \tag{4.8}$$

Der Dunkelstrom des np-Überganges weist ein negatives Vorzeichen auf, wie es nach unseren Überlegungen erwartet wurde. Der Photostrom fließt in die entgegengesetzte Richtung. Dies wird klar, wenn man einmal von einer sehr dicken Basis ($d_{ba} \to \infty$) ausgeht. Dann vereinfacht sich der Strom zu

$$j_{n,diff}(\lambda,U)\big|_{x=0} = -q n_i^2 \frac{D_n}{L_n N_A}\left(e^{U/U_T} - 1\right) + \frac{q L_n G_0(\lambda)}{1 + \alpha(\lambda) L_n} \cdot e^{-\alpha(\lambda) d_{em}} \; . \tag{4.9}$$

Setzt man für die Generationsrate an der Oberfläche $G_0(\lambda) = \Phi_{p0}(\lambda)\cdot\alpha(\lambda) / A$ ein, so erhält man (unter Vernachlässigung der Reflexionsverluste)

$$j_{n,diff}(\lambda,U)\big|_{x=0} = -q\,n_i^2\,\frac{D_n}{L_n N_A}\left(e^{U/U_T}-1\right) + \frac{q\Phi_{po}(\lambda)}{A}\cdot\frac{\alpha(\lambda)L_n}{1+\alpha(\lambda)L_n}\cdot e^{-\alpha(\lambda)d_{em}} . \tag{4.10}$$

Man erkennt, daß dem technologischen Parameter Diffusionslänge eine zentrale Rolle bei dem Betrieb von Solarzellen zukommt. Dies gilt insbesondere im infraroten Bereich des Spektrums, wo der Absorptionskoeffizient stark absinkt. Auch der Dunkelstrom wird merklich von L_n beeinflußt. Große Diffusionslängen führen zur Verringerung seines Betrages und ermöglichen so eine Erhöhung der Leerlaufspannung. L_n tritt in Gl. 4.10 in Kombination mit dem Absorptionskoeffizienten $\alpha(\lambda)$ als Produkt $\alpha\cdot L_n$ auf. Diesem Produkt wird besondere Aufmerksamkeit zu widmen sein.

4.2.2. Löcherstrom

Die Herleitung des Emitterstromanteiles, der ausschließlich durch den Löcherdiffusionsstrom im n-leitenden Halbleiter genähert wird, verläuft vollkommen analog zu der des Basisstromanteiles im vorstehenden Kapitel. Für den Diffusionsstrom der Löcher am emitterseitigen RLZ-Rand gilt

$$j_{p,diff}(\lambda,U)\big|_{x=-w_n} = -q D_p \frac{\partial p(x)}{\partial x}\bigg|_{x=-w_n} \tag{4.11}$$

Die stationäre Bilanzgleichung der Löcher lautet

$$0 = -\frac{1}{q}\cdot\frac{\partial j_p(x)}{\partial x} - \frac{\Delta p(x)}{\tau_p} + G(x,\lambda) \quad \text{mit } \Delta p(x) = p(x) - p_{n0} . \tag{4.12}$$

Folglich lautet die Diffusionsgleichung der Löcher

$$\frac{\partial^2 \Delta p(x)}{\partial x^2} - \frac{\Delta p(x)}{L_p^2} = -\frac{G_0(\lambda)}{D_p}\cdot e^{-\alpha(\lambda)\,(x+d_{em})} . \tag{4.13}$$

Hier gelten ebenfalls die Randbedingungen 1.) Anhebung der Ladungsträgerkonzentration um den BOLTZMANN-Faktor am Rand der Raumladungszone (auch hier wird die Flußspannung aus didaktischen Gründen mit positivem Vorzeichen verrechnet, obwohl sie in der np-Struktur ein negatives Vorzeichen aufweist.)

$$\lim_{-w_n\to 0}\Delta p(x=-w_n) = p_{n0}\left(e^{U/U_T}-1\right) \tag{4.14}$$

und 2.) vollständige Umwandlung des Minoritätsträgerdiffusionsstromes in Rekombinationsstrom an der vorderen Oberfläche des Bauelementes

$$-q\cdot s_p\cdot\Delta p(x=-d_{em}) = -q D_p \frac{\partial \Delta p(x)}{\partial x}\bigg|_{x=-d_{em}} . \tag{4.15}$$

Die Lösung kann den gleichen Weg wie für die Bestimmung des Elektronenstromes gehen (analog Anhang 2) oder durch einige Überlegungen direkt aus dem Ergebnis des Elektronenstromes in Gl. 4.7 gefunden werden. Hier wird der zweite Weg eingeschlagen.

1. Es werden systematisch die Eigenschaften der Elektronen durch die der Löcher ersetzt

$$n \to p \, , - q \to q \, , L_n \to L_p \, , D_n \to D_p \, .$$

2. Die elektrischen und geometrischen Eigenschaften der Basis werden durch die des Emitters ersetzt

$$N_A \to N_D \, , d_{ba} \to -d_{em} \, .$$

3. Die Generationsrate an der Basisrückseite wird durch die an der Emitteroberfläche ersetzt

$$e^{-\alpha(\lambda)\, d_{ba}} \to e^{\alpha(\lambda)\, d_{em}} \, .$$

4. Schließlich ist zu berücksichtigen, daß die Gradienten der Minoritätsträgerkonzentration zu den jeweiligen Oberflächen geneigt sind. Folglich weist der Gradient der Elektronenkonzentration an der Rückseite ein negatives, der der Löcherkonzentration an der Oberfläche ein positives Vorzeichen auf. Entsprechend wechselt das Vorzeichen des Diffusionsstromes der photogenerierten Ladungsträger, was zu einem Vorzeichenwechsel bei der Substitution der Oberflächenrekombinationsgeschwindigkeit führt (siehe Gln. 4.6 und 4.15)

$$s_n \to -s_p \, .$$

Unter Beachtung dieser Überlegungen erhält man den Emitterstromanteil

$$j_{p,diff}(\lambda,U)\big|_{x=0} = -q\, D_p \frac{\partial \Delta p(x)}{\partial x}\bigg|_{x=0}$$

$$= -q\, n_i^2 \frac{D_p}{L_p N_D} \left(e^{U/U_T} - 1\right) \frac{\dfrac{D_p}{L_p}\sinh\dfrac{d_{em}}{L_p} + s_p \cosh\dfrac{d_{em}}{L_p}}{\dfrac{D_p}{L_p}\cosh\dfrac{d_{em}}{L_p} + s_p \sinh\dfrac{d_{em}}{L_p}} + \frac{q\, L_p G_0(\lambda)}{1 - \alpha(\lambda)^2\, L_p^2} \cdot e^{-\alpha(\lambda)\, d_{em}}$$

$$\cdot \left[\alpha(\lambda) L_p + \frac{\left(-D_p\, \alpha(\lambda) - s_p\right) e^{\alpha(\lambda)\, d_{em}} + \dfrac{D_p}{L_p}\sinh\dfrac{d_{em}}{L_p} + s_p \cosh\dfrac{d_{em}}{L_p}}{\dfrac{D_p}{L_p}\cosh\dfrac{d_{em}}{L_p} + s_p \sinh\dfrac{d_{em}}{L_p}} \right] . \tag{4.16}$$

Auch für den Emitter erhalten wir also einen Ausdruck entsprechend Gl. 4.1 für einen np-Übergang

$$j_p(U,\lambda,x=0) = -j_{p0} \cdot (e^{U/U_T} - 1) + j_{p,phot}(\lambda) . \tag{4.17}$$

4.2.3. Gesamtstrom

Mit den Ergebnissen für den Elektronen- und den Löcherstrom aus Gln. 4.7/8 und 4.16/17 kann nunmehr der Gesamtstrom einer np-Solarzelle angegeben werden

$$j(U,\lambda) = j_n(U,\lambda,x{=}0) + j_p(U,\lambda,x{=}0)$$

$$= -(j_{n0} + j_{p0}) \cdot (e^{U/U_T} - 1) + j_{n,phot}(\lambda) + j_{p,phot}(\lambda) \tag{4.18a}$$

$$= -j_0 \cdot (e^{U/U_T} - 1) + j_{phot}(\lambda) \quad .$$

Es wird nochmals auf die Vorzeichenregelung gemäß Gl. 4.1 hingewiesen. Insofern setzen wir hier

$$j(U,\lambda) = j_0 \cdot (e^{U/U_T} - 1) - j_{phot}(\lambda)$$

$$\text{mit } j_0, j_{phot} > 0 . \tag{4.18b}$$

Damit sind wir auch für die np-Solarzelle wieder zur geläufigen Diodenbeschreibung (zum "pn"-Übergang) zurückgekehrt. Die in der Sperrsättigungsstromdichte j_0 und der Photostromdichte j_{phot} enthaltenen Ausdrücke sollen abschließend diskutiert werden. Die Sperrsättigungsstromdichte lautet

$$j_0 = q n_i^2 \cdot \left(\frac{D_p}{L_p N_D} \frac{\dfrac{D_p}{L_p} \sinh \dfrac{d_{em}}{L_p} + s_p \cosh \dfrac{d_{em}}{L_p}}{\dfrac{D_p}{L_p} \cosh \dfrac{d_{em}}{L_p} + s_p \sinh \dfrac{d_{em}}{L_p}} + \frac{D_n}{L_n N_A} \frac{\dfrac{D_n}{L_n} \sinh \dfrac{d_{ba}}{L_n} + s_n \cosh \dfrac{d_{ba}}{L_n}}{\dfrac{D_n}{L_n} \cosh \dfrac{d_{ba}}{L_n} + s_n \sinh \dfrac{d_{ba}}{L_n}} \right) . \tag{4.19}$$

Darin wiederholt sich ein Faktor G_{f0}, der den Einfluß der endlichen Bauelementgeometrie beschreibt

$$G_{f0} = \frac{\dfrac{D}{L} \sinh \dfrac{d}{L} + s \cosh \dfrac{d}{L}}{\dfrac{D}{L} \cosh \dfrac{d}{L} + s \sinh \dfrac{d}{L}} . \tag{4.20}$$

Ist das betreffende Bahngebiet lang gegenüber der Diffusionslänge, so nähern sich die Werte der hyperbolischen Sinus- und der Kosinusfunktion einander an und es ergibt sich

$$G_{f0} \to 1$$

In diesem Fall spielt die Oberflächenrekombination keine Rolle mehr. Besitzt die Basis eine endliche Ausdehnung ($d \leq L$) bei gleichzeitiger optimaler elektrischer Passivierung der Oberfläche ($s = 0$), so strebt

$$G_{f0} \to \tanh\left(\frac{d}{L}\right) .$$

Die begrenzte Länge der Probe führt zu einer Verringerung von j_0, da nicht alle durch den np-Übergang diffundierten Minoritätsträger in dem endlichen Bahngebiet rekombinieren können und so zum Stromfluß beitragen. Schließlich wollen wir annehmen, die

Rekombinationsgeschwindigkeit übertreffe die Geschwindigkeit, mit der die Ladungsträger diffundieren bei weitem ($D/L \ll s$), dann gilt

$$G_{f0} \to \coth\left(\frac{d}{L}\right) \, .$$

In diesem Fall gehen an der Oberfläche so viele Ladungsträger durch Rekombination verloren, daß über den np-Übergang zusätzliche Ladungen nachgeliefert werden. Die Sättigungsstromdichte steigt an.

Insgesamt kann festgestellt werden, daß der Geometriefaktor G_{f0} eine Gewichtung von Rekombination im Volumen und an der Oberfläche bei endlicher Probengeometrie vornimmt.

Die Gesamtphotostromdichte lautet (wieder mit $R(\lambda) = 0$)

$$j_{phot}(\lambda) = j_{phot,Basis}(\lambda) + j_{phot,Emitter}(\lambda) = \frac{q\,\Phi_p(\lambda)}{A} \cdot e^{-\alpha(\lambda)\,d_{em}} \, .$$

$$\left\{ \frac{\alpha(\lambda)\,L_n}{1 - \alpha(\lambda)^2\,L_n^2} \cdot \left[-\alpha(\lambda)\,L_r + \frac{\left(D_n\,\alpha(\lambda) - s_n\right) e^{-\alpha(\lambda)\,d_{ba}} + \dfrac{D_n}{L_n}\sinh\dfrac{d_{ba}}{L_n} + s_n\cosh\dfrac{d_{ba}}{L_n}}{\dfrac{D_n}{L_n}\cosh\dfrac{d_{ba}}{L_n} + s_n\sinh\dfrac{d_{ba}}{L_n}} \right] \right.$$

$$\left. + \frac{\alpha(\lambda)\,L_p}{1 - \alpha(\lambda)^2\,L_p^2} \cdot \left[\alpha(\lambda)\,L_p + \frac{\left(-D_p\,\alpha(\lambda) - s_p\right) e^{\alpha(\lambda)\,d_{em}} + \dfrac{D_p}{L_p}\sinh\dfrac{d_{em}}{L_p} + s_p\cosh\dfrac{d_{em}}{L_p}}{\dfrac{D_p}{L_p}\cosh\dfrac{d_{em}}{L_p} + s_p\sinh\dfrac{d_{em}}{L_p}} \right] \right\}$$

$$(4.21)$$

Im Ausdruck für den Photostrom spielt ein um die Einsammlung photogenerierter Ladungsträger an den Bauelementgrenzen erweiterter Geometriefaktor G_{fphot} eine große Rolle. Dieser wird für eine dicke Basis ($\alpha(\lambda)\cdot d_{ba} > 1$) gleich G_{f0}. Dabei ist zu beachten, daß ein hoher Wert des Geometriefaktors $G_{f0} = G_{fphot}$ durch hohe Oberflächenrekombination oder eine geringe Diffusionslänge für den Sperrsättigungsstrom eine Erhöhung und damit für die Leerlaufspannung eine Verringerung sowie für den Photostrom eine Verringerung bedeutet. Damit werden die photovoltaischen Eigenschaften einer Solarzelle gleichzeitig auf zweierlei Weise beeinträchtigt.

Schließlich wollen wir abschätzen, welcher maximale Photostrom in der Solarzelle generiert werden kann. Voraussetzung sei, daß Beiträge ausschließlich aus einer unendlichen Basis ($d_{ba}\to\infty$) geleistet werden. Dies ist bei vernachlässigbarer Emitterdicke ($d_{em}\to 0$) der Fall. Die Sammlung in der Basis sei optimal, also $L_n \gg 1/\alpha$. Dann erhält man aus Gl. 4.21 $j_{phot}(\lambda) = q\cdot\Phi_{p0}(\lambda)/A$. Dieses Ergebnis entspricht der Annahme aus dem 3. Kapitel, daß jedes absorbierte Photon mit genau einem Ladungsträgerpaar zum Photostrom beiträgt.

4.2.4. Spektrale Empfindlichkeit

Die spektrale Empfindlichkeit einer Solarzelle ist definiert als das Verhältnis der Kurzschlußstromdichte j_k zu einer monochromatischen Bestrahlungsstärke E

$$S(\lambda) = \frac{\left|j_k(\lambda)\right|}{E(\lambda)}.$$

(4.22)

Die Betragszeichen deuten die Verwendbarkeit des Zusammenhanges sowohl für np- als auch für pn-Solarzellen an. Die Bestimmung der spektralen Empfindlichkeit erfolgt durch Messung der Kurzschlußstromdichte in $A \cdot m^{-2}$ bei schmalbandiger ($\Delta\lambda \approx 10..50\,nm$) Beleuchtung mit der Bestrahlungsstärke $E(\lambda)$ in $W \cdot m^{-2}$ (siehe Tafel auf S. 50). Man erhält $S(\lambda)$ in der Einheit A/W. Wenn man den Kurzschlußstrom auf die Elementarladung und die Bestrahlungsstärke auf die Energie eines Photons bezieht, erhält man den äußeren Quantensammelwirkungsgrad. Dieser bewertet die Anzahl der pro Zeit die Solarzelle verlassenden Ladungen mit der Anzahl der in gleicher Zeit auf die Solarzelle auftreffenden Photonen ("Elementarladungen pro Photonen")

$$Q_{ext}(\lambda) = \frac{\left|j_k(\lambda)\right|}{q} \cdot \frac{h\nu}{E(\lambda)} = \frac{hc}{q\lambda} \cdot \frac{\left|j_k(\lambda)\right|}{E(\lambda)} = \frac{hc}{q\lambda} \cdot S(\lambda).$$

(4.23)

Es ist zwischen äußerem und innerem Quantensammelwirkungsgrad zu unterscheiden, da ein Teil der Strahlung nicht in das Bauelement eindringt, sondern an der Oberfläche reflektiert wird. In die Berechnung des inneren Quantensammelwirkungsgrades gehen nur diejenigen Lichtquanten ein, die in die Solarzelle hinein gelangen

$$Q_{int}(\lambda) = \frac{Q_{ext}(\lambda)}{1 - R(\lambda)}.$$

(4.24)

Daher ist der innere Quantensammelwirkungsgrad diejenige Größe, mit der die Ladungsträgertrennung und -sammlung physikalisch detailliert beschrieben wird. Die Vermessung der spektralen Empfindlichkeit ist eine der aussagekräftigsten nichtzerstörenden Untersuchungen an Solarzellen, da die Eindringtiefe der Strahlung mit der Wellenlänge variiert. Als Folge wirken einzelne Parameter, die lokale Einflußgrößen sind, nur in bestimmten Bereichen auf den Verlauf der spektralen Empfindlichkeit und können somit getrennt von anderen betrachtet werden. Im "blauen" Spektralbereich erkennt man eher die Oberflächeneigenschaften und die des Emitters, während im langwelligen "Roten" vor allem die Basisparameter wirksam werden. So sind Aussagen über Diffusionslängen, Rekombinationsgeschwindigkeiten, Schichtdicken und die Materialzusammensetzung möglich. In Abb 4.3 ist der Verlauf einer idealen spektralen Empfindlichkeit und die Wirkung einiger Verlustmechanismen aufgetragen. Besonders deutlich wird darin der Einfluß des Bandabstandes, der den Rückgang der spektralen Empfindlichkeit oberhalb einer Grenzwellenlänge λ_{max} (also $W < \Delta W$) verursacht.

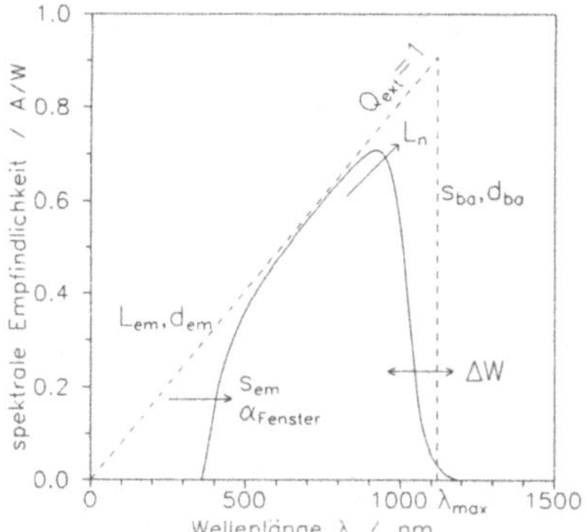

Abb. 4.3:   Schematischer Verlauf der spektralen Empfindlichkeit einer Solarzelle und Wirkung lokaler Einflußgrößen. Spätere Kapitel geben Beispiele für gemessene Verläufe von $S(\lambda)$ und $Q_{ext}(\lambda)$ an.

4.3.   Bestrahlung mit einem Standardspektrum

Wir erweitern nun unsere Betrachtungen im Hinblick auf das verwendete Licht. Bislang waren wir davon ausgegangen, daß die photovoltaisch erzeugte Photostromdichte $j_{phot}(\lambda)$ stets *monochromatisch* angeregt wurde, d.h. die Folge eines schmalbandigen Wellenlängenintervalles $\Delta\lambda$ darstellte, das zwischen den Wellenlängen λ und $\lambda + \Delta\lambda$ liegt. Genau genommen kann man innerhalb eines verschwindend kleinen Wellenlängenintervalles aber nur verschwindend geringe Strahlungsleistung abstrahlen, die dann *spektral* bewertet wird. Den Definitionen in Abb. 3.5 entsprechend werden alle errechneten spektralen Größen auf ein differentielles Wellenlängenintervall bezogen und z.B. pro Nanometer (nm^{-1}) bewertet.

Nun wollen wir alle Größen *integral* anregen und uns dabei auf einen vorgegebenen spektralen Verlauf der Strahlungsleistungsdichte beziehen. Ein einfaches, aber experimentell schwer realisierbares Spektrum ist die in einem Spektralbereich zwischen den Wellenlängen λ_1 und $\lambda_2 > \lambda_1$ konstante Bestrahlungsstärke $E(\lambda)$, die damit bei der geringeren Wellenlänge λ_1 auch zu geringerer Photonenstromdichte $\Phi_p(\lambda) / A$ führt. Umgekehrt erfordert eine konstante Photonenstromdichte eine mit fallender Wellenlänge ansteigende Bestrahlungsstärke (s. Gl. 3.12).

Ein für uns wichtiges integrales Spektrum ist das Sonnenspektrum mit seinen unterschiedlichen spektralen Verläufen (AM0, AM1,5, ...). Wir müssen für alle Größen eine Integration über den Wellenlängenbereich vornehmen, in dem eine spektrale Verteilung vorliegt, z.B. für das Standardspektrum AM1,5 entsprechend dem Anhang 3. Im Sinne der Abb. 3.5 erhält man dann für die *integrale Bestrahlungsstärke* (z.B. beim AM1,5-Spektrum im Bereich 0,305 µm $\leq \lambda \leq$ 4,045 µm)

$$E = \int_{\lambda_2}^{\lambda_1} E_\lambda(\lambda)\, d\lambda \ \text{ in mW/cm}^2 \,. \tag{4.25}$$

Mit der Gl. 4.8 und 4.17 sowie 3.20 ergibt sich für die *integralen Stromdichten*

$$\left. \begin{array}{l} j_{n.phot}(E) = \displaystyle\int_{\lambda_1}^{\lambda_2} j_{n.phot,\lambda}(E_\lambda(\lambda))\, d\lambda \\[3em] j_{p.phot}(E) = \displaystyle\int_{\lambda_1}^{\lambda_2} j_{p.phot,\lambda}(E_\lambda(\lambda))\, d\lambda \end{array} \right\} \quad \text{in mA/cm}^2 \qquad (4.26)$$

und für die integrale Bestrahlungsstärke nach Gl. 4.25 die *integrale Gesamtstromdichte*

$$j_{phot}(E) = j_{n,phot}(E) + j_{p,phot}(E) \ . \qquad (4.27)$$

Damit gelangen wir zu der technisch wichtigen Kennlinie des integral beleuchteten np-Überganges für ein bestimmtes Spektrum und eine Bestrahlungsstärke E

$$j(U,E) = j_0 \cdot (e^{U/U_T} - 1) - j_{phot}(E) \qquad \text{(Strom-Spannungs-Kennlinie)} \ . \quad (4.28)$$

Die Abb. 5.2-4 zeigen für alle diskutierten Variationen der Emitter- und Basis-Parameter die *Generator-Kennlinien* j(U, E) im Bereich $0 \le U \le U_L$ für ein globales AM1,5-Spektrum (1000 Wm^{-2}). Man erkennt den starken Einfluß der Diffusionslänge und den der Dotierung in der Basis.

Strom-Spannungs-Kennlinien lassen sich meßtechnisch einfach erfassen und sind meist das wichtigste technische Beurteilungskriterium von Solarzellen neben der spektralen Empfindlichkeit (bzw. dem externen Quantenwirkungsgrad). Man gewinnt den vollen Verlauf durch Veränderung des Lastwiderstandes R (s. Abb. 4.1 und dieTafel auf S. 101).

4.4. Technische Solarzellen-Parameter

Von der integral beleuchteten Solarzelle und ihrer Generator-Kennlinie abgeleitet wird der maximale *Energiewandlungs-Wirkungsgrad* η_{AMx}

$$\eta_{AMx} = \frac{j_m \cdot U_m}{E(AMx)} \ . \qquad (4.29)$$

Zur Definition wird die maximal von der Solarzelle wandelbare photovoltaische Leistungsdichte herangezogen, die man durch den Maximalwert des Produktes der Kennlinien-Werte j_m und U_m (s. Abb. 4.4) erhält und die man auf die eingestrahlte Strahlungsleistungsdichte E (AMx) des Spektrums AMx bezieht. Graphisch bedeutet dies das größte in die Generator-Kennlinie j(U, E) einzeichenbare Rechteck mit dem *optimalen Arbeitspunkt*. Da der Energiewandlungs-Wirkungsgrad die Qualität der photovoltaischen Energiewandlung mit einem einzigen Zahlenwert beschreibt, ist er die wichtigste Kenngröße einer Solarzelle. Die höchsten Wirkungsgrade η erzielte man für c-Silizium mit Laborexemplaren unter stark konzentriertem Sonnenlicht $\eta_{(100 \times AM1,5)}$ = 26,5% /4.2/. Mit Solarzellen aus der Produktion erreicht man derzeit $\eta_{AM1,5} \approx 13...15\%$.

Am optimalen Arbeitspunkt wird eine weitere wichtige technische Kenngröße definiert, der *Füll- oder Kurvenfaktor* FF

$$FF = \frac{j_m \cdot U_m}{j_k \cdot U_L} \; . \tag{4.30}$$

Hier werden zwei j·U-Rechtecke miteinander verglichen: das einbeschriebene Rechteck $j_m \cdot U_m$ innerhalb des größeren $j_k \cdot U_L$. Beide hängen vom integralen Spektrum ab. Die erzielten FF-Werte bleiben stets kleiner als 1 und liegen für c-Si (AM1,5) zwischen 0,75 und 0,85. Eine einfache empirische Beziehung zur Abschätzung des Füllfaktors in kristallinen Solarzellen [4.3] lautet

$$FF = \frac{U_L}{U_T} \bigg/ \left(\frac{U_L}{U_T} + 4,7 \right) \qquad \text{mit} \qquad \frac{U_L}{U_T} > 10 . \tag{4.31}$$

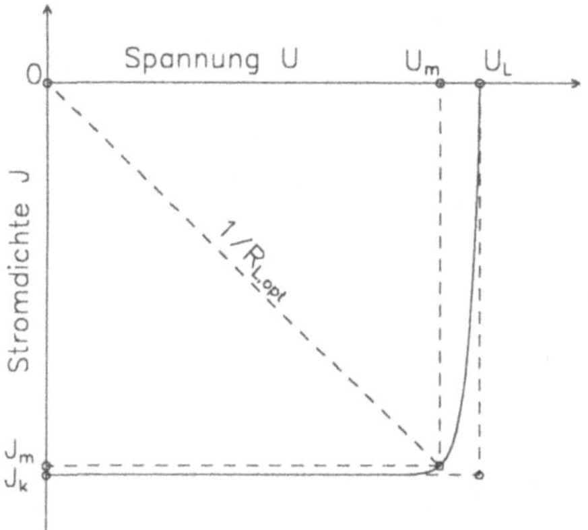

Abb. 4.4:   Zur Definition von Energiewandlungs-Wirkungsgrad η und Füllfaktor FF.

4.5. Das Ersatzschaltbild einer kristallinen Solarzelle

Jedes elektrische Bauelement kann durch ein Ersatzschaltbild bestehend aus Strom- und Spannungsquellen, aus elektrischen Widerständen, Kapazitäten und Induktivitäten beschrieben werden. Für reale Solarzellen ist besonders interessant, wie sich Dunkel- und Generator-Kennlinien durch Ersatzschaltbildgrößen beschreiben lassen.

Im einfachsten Fall (Abb. 4.5) repräsentieren zwei parasitäre Widerstände - einer parallel zur Photostromquelle, einer dazu in Serie - sämtliche Verlustwiderstände in Halbleitergebieten und Kontakten. Im Idealfall gilt $R_S = 0$ und $R_P \to \infty$. Zum Photostrom parallel liegt ferner mindestens diejenige Diode, die durch das SHOCKLEY-Modell beschrieben wird. Bei Halbleitern mit größerem Bandabstand ist ein weiterer mit der Spannung exponentiell anwachsender Strom von Bedeutung, der durch die im SHOCKLEY-Modell vernachlässigte Rekombination in der Raumladungszone verursacht wird. Die Strom-Spannung-Kennlinie wird zusammengefaßt in der Form

$$I(U,E) = I_0 \cdot \left(e^{(U-I\cdot R_S)/U_T} - 1 \right) + I_{RLZ} \cdot \left(e^{(U-I\cdot R_S)/2\,U_T} - 1 \right) + \frac{U - I \cdot R_S}{R_P} - I_{phot}(E) \qquad (4.32)$$

Hier werden I_0 durch Gl. 4.19, I_{RLZ} durch Gl. 7.2 und I_{phot} durch Gl. 4.21 beschrieben, stets gilt dabei j = I / A. Die Dunkelkennlinie entsteht für I_{phot} = 0. In Abb. 4.6 sind Beispiele einer Generator-Kennlinie in linearer Darstellung und einer Dunkelkennlinie in der üblichen halblogarithmischen Form aufgetragen. Aus beiden Kennlinien lassen sich der Serienwiderstand im Flußbereich und der Parallelwiderstand (wenn gilt $R_P \gg R_S$) im Kurzschluß bestimmen. Typische Werte sind R_S = (0,05 ... 0.5 Ω) und R_P > 1 kΩ.

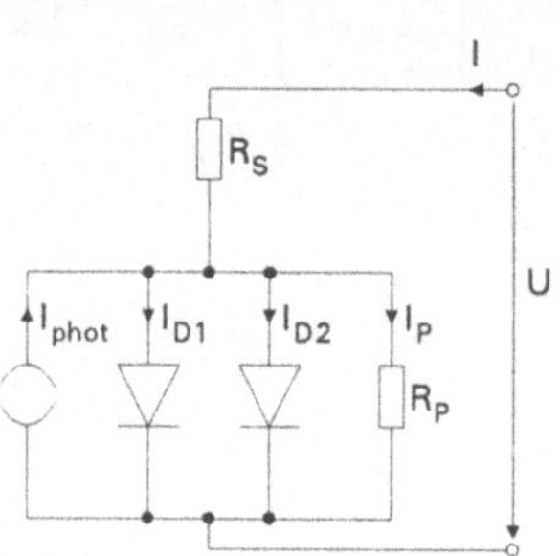

Abb. 4.5:   Zwei-Dioden-Ersatzschaltbild einer kristallinen pn-Solarzelle.

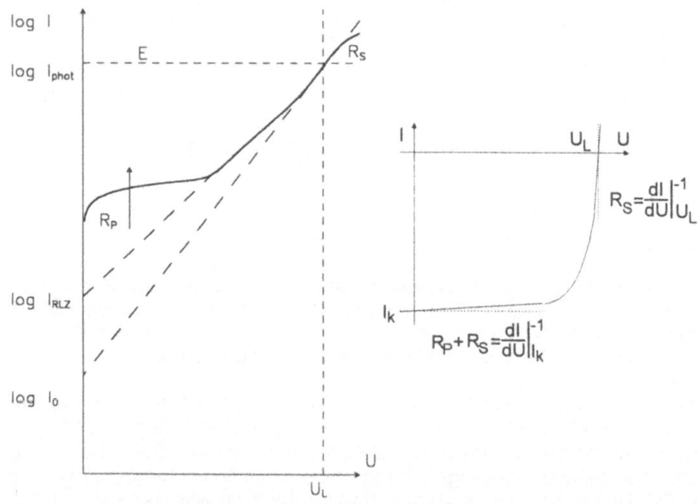

Abb. 4.6:   links: Dunkel-Kennlinie und Photostrom einer Solarzelle mit SHOCKLEY-Strom und RLZ-Rekombinationsstrom sowie Einflußbereiche des Serien- und des Parallelwiderstandes in halblogarithmischer Auftragung.
rechts: Zugehörige Generator-Kennlinie ebenfalls mit den Einflußbereichen des Serien- und des Parallelwiderstandes.

5. Monokristalline Silizium-Solarzellen

Als erstes praktisches Beispiel der technischen Realisierung eines photovoltaischen Bauelementes sollen Solarzellen aus monokristallinem Silizium (c-Si) diskutiert werden. Dieses Material ist gut geeignet, weil seine Bandlücke von etwa 1,1 eV nahe dem Optimum für die Wandlung der Solarstrahlung (siehe Kap. 3) liegt und seine Technologie aus der Mikroelektronik bestens erforscht ist. Silizium ist in großen Mengen verfügbar und ungiftig.

Derzeit wird über ein Drittel der Solarzellenproduktion aus monokristallinem Silizium hergestellt; etwa ein weiteres Drittel aus polykristallinem Silizium (poly-Si), auf dessen Materialeigenschaften im 6. Kapitel eingegangen werden wird. Der Rest besteht ganz überwiegend aus amorphem Silizium (Kap. 8). Alle anderen Materialien werden zur Zeit im wesentlichen nur zur Präparation von Labormustern und für Sonderzwecke eingesetzt.

Wir wollen zunächst Aufbau und Funktion und die daraus resultierenden elektrischen Eigenschaften der c-Si-Solarzellen diskutieren. Anschließend wird auf die praktischen Aspekte der Materialherstellung (Kristallzüchtung) und Bauelement-Präparation eingegangen. Schließlich wird ein Prozeß vorgestellt, mit dem AM1,5-Wirkungsgrade bis zu 24.3% demonstriert werden konnten.

5.1. Diskussion der spektralen Empfindlichkeit

Unter Zuhilfenahme der im vorangehenden Kapitel vorgestellten und in Anhang 2 errechneten Zusammenhänge (Gl. A2.11) sollen zunächst die Konzentrationsprofile der photogenerierten Überschußminoritätsladungsträger in der Basis diskutiert werden

$$
\Delta n(x) =
$$

$$
n_{p0}\left(e^{U/U_T} - 1\right) \cdot \frac{\dfrac{D_n}{L_n}\cosh\dfrac{d_{ba}-x}{L_n} + s_n \sinh\dfrac{d_{ba}-x}{L_n}}{\dfrac{D_n}{L_n}\cosh\dfrac{d_{ba}}{L_n} + s_n \sinh\dfrac{d_{ba}}{L_n}} + \frac{G_0(\lambda)\cdot \tau_n}{1 - \alpha(\lambda)^2 L_n^2}\cdot e^{-\alpha(\lambda)\cdot d_{em}}
$$

$$
\cdot\left[e^{-\alpha(\lambda)\cdot x} + \frac{\left(D_n\cdot\alpha(\lambda)-s_n\right)\cdot e^{-\alpha(\lambda)\cdot d_{ba}}\cdot\sinh\dfrac{x}{L_n} - \dfrac{D_n}{L_n}\cosh\dfrac{d_{ba}-x}{L_n} - s_n\sinh\dfrac{d_{ba}-x}{L_n}}{\dfrac{D_n}{L_n}\cosh\dfrac{d_{ba}}{L_n} + s_n\sinh\dfrac{d_{ba}}{L_n}} \right]
$$

$$
(5.1)
$$

Die Gleichung für die Löcher im Emitter ist analog aufgebaut. Beide Gleichungen enthalten sowohl die Diffusionslänge L_n bzw. L_p als auch die Lebensdauer τ_n bzw. τ_p von Elektronen bzw. Löchern als wichtige sich unterscheidende Größen. Im Produkt $G_0(\lambda)\cdot\tau$ erkennt man die gegenläufige Wirkung der optischen Generation und der Rekombination, die in gegenseitiger Wechselwirkung eine stationäre Überschußminoritätsladungsträgerdichte erzeugen. Die beiden ortsabhängigen Ausdrücke in den Klammern können maximal den Betrag Eins annehmen. Die Kompliziertheit des Ausdruckes ist in der Abhängigkeit von der Geometrie und der Oberflächenrekombination begründet.

Wegen des relativ geringen Absorptionskoeffizienten von Silizium müssen Solarzellen aus diesem Material relativ dick (100 - 200 µm) sein, um das eingestrahlte Licht vollständig zu absorbieren, falls keine zusätzlichen Maßnahmen ergriffen werden. Die generierten Ladungsträger müssen durch Diffusion tief aus den weitgehend feldfreien Bahngebieten zur Trennung an den np-Übergang herangeführt werden. Der Emitter wird dabei sehr dünn gehalten, um Verluste durch Rekombination an der Oberfläche gering zu halten. Die Basis wird vom p-Typ gewählt, um die besseren Diffusionseigenschaften der Elektronen ($L_n \gg L_p$) auszunutzen. Tabelle 5.1 gibt Auskunft über typische Zahlenwerte wichtiger Parameter in einer c-Si-Solarzelle.

c-Silizium	n-Emitter	p-Basis
Dotierung	$N_D \approx 10^{19}...10^{20}$ cm^{-3}	$N_A \approx 10^{15}...10^{16}$ cm^{-3}
Diffusionslänge der Minoritätsträger	$L_p \leq 1$ µm	$L_n \approx 50...2000$ µm
Lebensdauer der Minoritätsträger	$\tau_p \leq 0,01...0,1$ µs	$\tau_n \approx 1...10^3$ µs

Tab. 5.1:   Standardannahmen zur c-Si-Solarzelle.

Wir wollen nun die mit unterschiedlichen Wellenlängen λ erzeugten Überschußladungsträgerprofile der Elektronen $\Delta n(x) = n(x) - n_p(x)$ in der als unendlich tief angenommenen Basis ($d_{ba}/L_n \rightarrow \infty$) diskutieren. In der Abb. 5.1 sind nach Gl. 5.1 berechnete Profile für eine geringe ($L_n = 50$ µm, Abb. 5.1a) und eine mittlere ($L_n = 150$ µm, Abb. 5.1b) Diffusionslänge über dem Ort bis zur Dicke einer konventionellen Si-Solarzelle von 400 µm dargestellt. Die monochromatische Bestrahlungsstärke ist in allen Rechnungen ($\lambda = 300 .. 1050$ nm) konstant ($E_S = 100$ mW/cm^2) angesetzt worden. Entsprechend Gl. 5.1 gilt die Kurzschlußbedingung $U = 0$, wodurch die Überschußdichte $\Delta n(x=0)$ am np-Übergang stets auf Null zurückgeht.

Alle Verläufe sind durch ein ausgeprägtes Maximum in der Basis mit Abfall zum np-Übergang und zur Rückseite gekennzeichnet. Bei größerer Diffusionslänge verschiebt sich das Maximum tiefer in die Basis, gleichzeitig wird der Gradient in Richtung np-Übergang steiler (man beachte die unterschiedlichen Maßstäbe beider Abbildungen!). Beide Sachverhalte bringen zum Ausdruck, daß mit wachsender Diffusionslänge mehr Ladungsträger tiefer aus dem Volumen eingesammelt werden können, was zu einer Erhöhung des Photostromes führt. Dieses Anwachsen kommt besonders stark für größere Wellenlängen zum Ausdruck, da diese mehr Ladungsträger tief im Volumen generieren. Die Gradienten sind für kleine Wellenlängen am steilsten, bis die Eindringtiefe des Lichtes (umgekehrt proportional zum Absorptionskoeffizienten) die Diffusionslänge überschreitet, was zur Folge hat, daß nicht mehr alle Elektronen eingesammelt werden, sondern merkliche Rekombinationsverluste auftreten. Besonders hohe Δn-Werte beobachtet man für die Kombinationen (die $\alpha(\lambda)$-Werte entstammen Abb. 3.6)

Abb. 5.1a: $L_n = 50\ \mu m$, $\lambda = 900\ nm$ mit $\alpha = 8 \cdot 10^2\ cm^{-1}$,

Abb. 5.1b: $L_n = 150\ \mu m$, $\lambda = 1050\ nm$ mit $\alpha = 50\ cm^{-1}$.

Innerhalb des Ladungsträgerprofiles der Gl. 5.1 gelten für beide Parameter-Kombinationen Produktwerte $\alpha \cdot L_n \approx 1$. Mit gleichen Überlegungen wie beim homogenen Halbleitermaterial zu Gl. 3.33 kann man zeigen, daß für $\alpha \cdot L_n = 1$ das Profil $\Delta n(x)$ die höchsten Werte annimmt, d.h. ein ausgeprägtes Maximum bildet.

Nun betrachten wir den Photostrom $j_{n,phot}(\lambda)$ innerhalb der Gl. 4.10 und erhalten

$$
\begin{aligned}
j_{n,phot}(\lambda) &= \frac{q\,L_n\,G_0(\lambda)\,e^{-\alpha(\lambda)\,d_{em}}}{1+\alpha(\lambda)\,L_n} \\[2mm]
&= \frac{q\,\Phi_{p0}(\lambda)}{A}\,e^{-\alpha(\lambda)\,d_{em}} \cdot \frac{\alpha(\lambda)\,L_n}{1+\alpha(\lambda)\,L_n}
\end{aligned}
\tag{5.2}
$$

Wieder hängt der Ausdruck vom Produkt $\alpha \cdot L_n$ ab, aber anders als zuvor. Wenn $\alpha \cdot L_n > 1$ gilt (z.B. im blauen Bereich des Sonnenspektrums), verschwindet das Produkt $\alpha \cdot L_n$ aus der Gleichung. Im umgekehrten Fall $\alpha \cdot L_n < 1$ (IR-Bereich) wird der monochromatische Photostrom $j_{phot}(\lambda)$ um den Faktor $\alpha \cdot L_n$ kleiner als zuvor. Insofern sind für den Photostrom des np-Überganges die Verhältnisse anders als für die zuvor erörterten Profile der Überschußminoritätsträger, bei denen für $\alpha \cdot L_n \approx 1$ die Maximierung galt. Wir erhalten jetzt den höchsten Wert der spektralen Photostromdichte entsprechend Gl. 5.2 mit $\alpha \cdot L_n > 1$ bei

$$
j_{max}(\lambda) = j_{n,phot}(\lambda)\Big|_{\alpha(\lambda)\cdot L_n \gg 1} \approx \frac{q \cdot \Phi_{p0}(\lambda)}{A} \cdot e^{-\alpha(\lambda)\cdot d_{em}}
\tag{5.3}
$$

vorausgesetzt, die monochromatische Photonenstromdichte $\Phi_{p0}(\lambda)$ bleibt für die verglichenen Wellenlängen λ konstant.

Zusammenfassend läßt sich feststellen, daß man die höchsten spektralen Photoströme erhält, wenn der *Absorptionskoeffizient* α **und** die *Minoritätsträger-Diffusionslänge* L_n groß sind. Ein sinnvoller Wert für den Absorptionskoeffizienten leitet sich von dem Vergleich zwischen *mittlerer Eindringtiefe* α^{-1} des Lichtes und der Basisdicke d_{ba} ab. Wenn die Solarzellendicke größer ist als der reziproke Wert des Absorptionskoeffizienten, wird das Licht wirksam absorbiert; wenn die Diffusionslänge größer ist als die Solarzellendicke, dann werden auch die meisten lichterzeugten Ladungsträger gesammelt. Dabei sollte man weiter beachten, daß die Emitterdicke d_{em} so klein wie möglich bleibt (Faktor $e^{-\alpha \cdot d_{em}}$ in Gl. 5.3), damit sich der Absorptionsprozeß vor allem nahe der Raumladungszone in der Basis abspielt (kleine mittlere Eindringtiefe) und die weiter im Basisvolumen erzeugten Überschußladungsträger ebenfalls in Folge einer großen Diffusionslänge L_n zur

Messung der Spektralen Empfindlichkeit

Ein einfacher Meßaufbau zur Bestimmung der spektralen Empfindlichkeit und des spektralen Reflexionsvermögens ist schematisiert in der Abbildung dargestellt. Die Wendel einer Halogenlampe wird durch eine Konvexlinse auf den Eintrittsspalt eines Monochromators abgebildet. Über einen Umlenkspiegel und einen Kollimatorspiegel wird paralleles Licht auf ein rückseitig verspiegeltes Prisma gestrahlt. Das spektral zerlegte Licht wird von einem Abbildungshohlspiegel in der Horizontalen so fokussiert, daß nur ein enges Wellenlängenbündel den Monochromator durch den Austrittsspalt verlassen kann. Eine weitere Konvexlinse dient als Kollimator für die gleichmäßige Ausleuchtung der zu vermessenden Solarzelle, die sich in einem geschwärzten und gegen Fremdlicht abgedichteten Kasten auf einem thermostatisierten Probenhalter befindet.

Die Linsenoptik ist aus dispersionsarmem Kronglas realisiert. Als Material für das Prisma werden stärker brechende Gläser (Quarz, Suprasil) benutzt. In automatisierten Meßaufbauten werden vor allem wegen ihrer linearen Dispersion Gitterprismen bevorzugt.

Das Meßobjekt wird für die Bestimmung der spektralen Empfindlichkeit senkrecht zur optischen Achse aufgestellt und relativ zu einer Referenzsolarzelle aus Silizium vermessen, die entweder zeitlich versetzt an gleichem Ort oder durch Auskopplung eines Teils der Strahlung über einen Strahlteiler zeitgleich neben dem Meßobjekt vermessen wird. Als Meßsignal dient der Kurzschlußstrom. Durch Vergleich der spektralen Kurzschlußströme der Meß- mit denen einer kalibrierten Solarzelle kann die unbekannte Bestrahlungsstärke eliminiert und die spektrale Empfindlichkeit des Meßobjektes bestimmt werden.

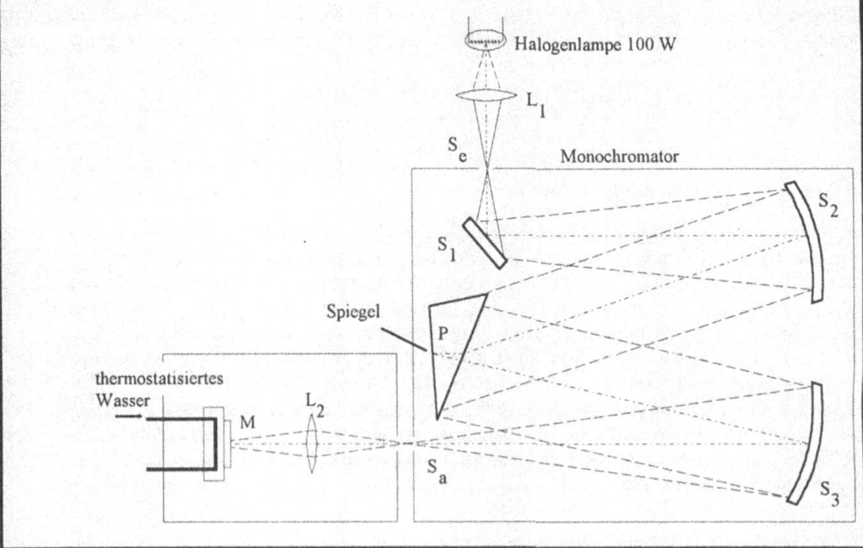

Raumladungszone diffundieren können. Damit bezieht man sich auf die relativ niedrigen Überschußladungsträgerprofile der Abb. 5.1a und b, z.B. für $\lambda = 700$ nm und kleiner, die zum rückwärtigen Basiskontakt sehr flach auslaufen, aber bei $x = 0$ einen steilen Gradienten aufweisen, der einen hohen Photostrom speist. Insofern muß nochmals betont werden, daß bei Niedrig-Injektion der Photostrom über steile (Diffusions-)Gradienten Überschußladungsträger zur Raumladungszone abführt und nicht etwa als Maximum beläßt. Es ist wichtig, nicht nur Überschußladungsträgerprofile innerhalb der Basis aufzubauen, sondern sie auch zum np-Übergang herandiffundieren zu lassen, wo sie innerhalb der Raumladungszone dann getrennt werden. Gelingen Andiffusion und Trennung nicht, so fallen die Überschußladungsträger der photovoltaisch nutzlosen Rekombination zum Opfer. Erzeugt man hohe Maxima (Abb. 5.1a bei $\lambda = 900$ nm), so bedient man zusätzlich die unerwünschte Rekombination am rückwärtigen Basiskontakt.

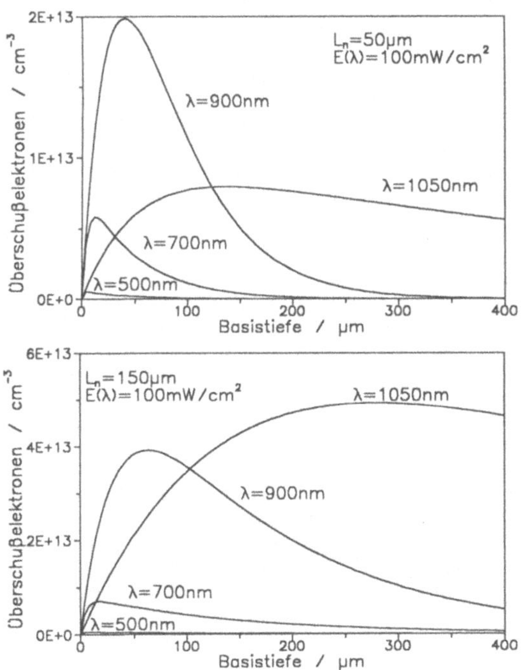

Abb. 5.1: np-c-Si-Solarzelle/Grundmodell: Profile von monochromatisch angeregten Überschußdichten $\Delta n(x)$ der Elektronen in der Solarzellen-Basis für Kurzschluß ($U = 0$) und zwei unterschiedliche Diffusionslängen L_n.

Teilt man den Betrag der Photostromdichte $j_{photo}(\lambda)$ einer Solarzelle, die mit der Bestrahlungsstärke $E(\lambda)$ beleuchtet wird, durch $E(\lambda)$, so entsteht z.B. für den Basisanteil der np-Solarzelle (s. Gl. 5.2) die (absolute) *spektrale Empfindlichkeit*

$$S_{Basis} = \frac{j_{n,phot}(\lambda)}{E(\lambda)} = \frac{q\,\lambda\,e^{-\alpha\cdot d_{em}}}{h\,c_0} \cdot \frac{\alpha\,L_n}{1+\alpha\,L_n} \ . \tag{5.4}$$

Gemessen wird die spektrale Empfindlichkeit, indem die Kurzschluß-Photostromdichte $j_{phot}(\lambda)$ als Folge einer schmalbandigen ($\Delta\lambda \approx 20...50$ nm) Beleuchtung der spektralen Strahlungsleistungsdichte E_λ gemessen wird; man erhält S in den Einheiten A/W (s. Abschnitt 4.2.4 und Tafel S. 50). Aber man mißt nicht nur den Basis-Anteil, sondern zusätzlich auch den Anteil des Emitters, also insgesamt

$$S_{exp}(\lambda) = \frac{j_{phot}(\lambda)}{E(\lambda)} \ . \tag{5.5}$$

Durch Vergleich von gemessenen und gerechneten Kurven lassen sich Einflußparameter wie die Minoritätsträger-Diffusionslänge L_n in der Basis oder die Emitterdicke d_{em} ermitteln. Bei den Meßkurven wird innerhalb der Photostromdichte das Reflexionsvermögen $R(\lambda)$ mit berücksichtigt und muß bei der Auswertung entsprechend in Rechnung gestellt werden.

Die Abb. 5.2-4 zeigen gerechnete Verläufe der spektralen Empfindlichkeit. Die Anteile von Basis und Emitter sind getrennt gezeigt. Die Diffusionslänge L_n wurde zwischen den Werten 10 µm und 250 µm variiert. Je größer L_n wird, um so weiter verschiebt sich das Maximum S_{max} der spektralen Empfindlichkeit in den infraroten Bereich. Als wichtigster Bauelementparameter erweist sich die Diffusionslänge der Minoritätsladungsträger in der Basis (Abb. 5.4 links). Sie sollte die Basisdicke übertreffen. Auch die Emitterdicke ist in Abhängigkeit von der Oberflächenpassivierung von großer Bedeutung. Ein möglichst geringer Wert ist sinnvoll. Der Emitter darf so dünn werden, daß er lediglich aus Raumladungszone besteht, also bei hoher Dotierungskonzentration nur 0,1 .. 0,2 µm mißt.

Die Meßkurven (Abb. 5.5) sind jeweils auf den Maximalwert S_{max} normiert. Sie zeigen Gruppen von "blauen" und "violetten" np-Si-Solarzellen. Der gemessene $R(\lambda)$-Verlauf ist ebenfalls angegeben. Anpassungen durch Simulationsrechnung sind durch Kreise bezeichnet. Die auf den Maximalwert S_{max} normierten Verläufe werden im Gegensatz zur absoluten spektralen Empfindlichkeit der Gl. 5.4 und 5.5 als relative spektrale Empfindlichkeit bezeichnet

$$S_{rel}(\lambda) = \frac{S(\lambda)}{S_{max}} \quad (\leq 1) \ . \tag{5.6}$$

Die Verläufe zeigen den Einfluß von unterschiedlichen reflexionsmindernden Oberflächenvergütungen (Antireflexionsschichten, ARC) auf die spektrale Empfindlichkeit gleichartiger Solarzellen.

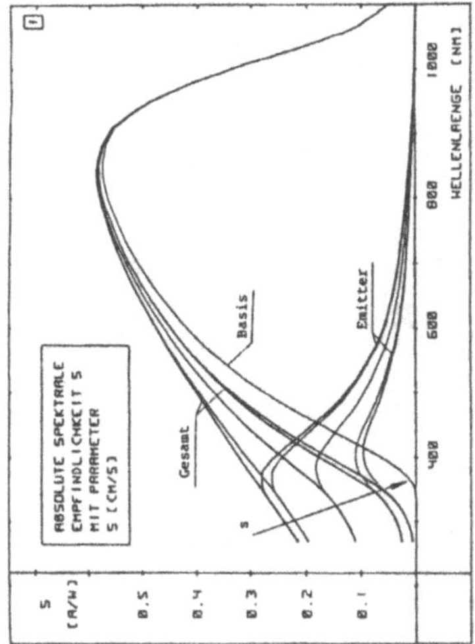
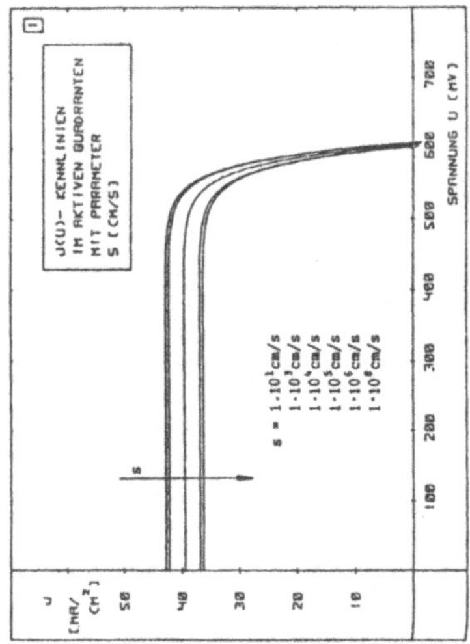
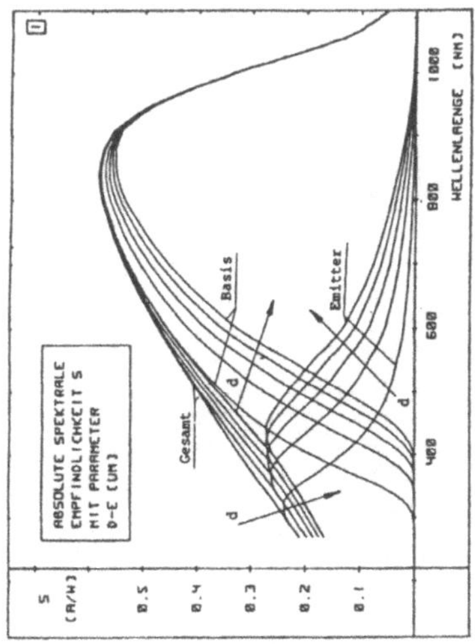
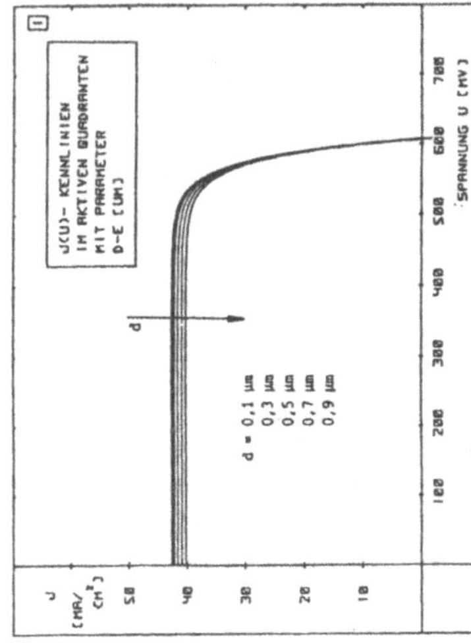

Abb. 5.2: Simulierte Generator-Kennlinien und spektrale Empfindlichkeiten von np-Si-Solarzellen: Variation der Emitter-Parameter d_{em} und s /5.1/.

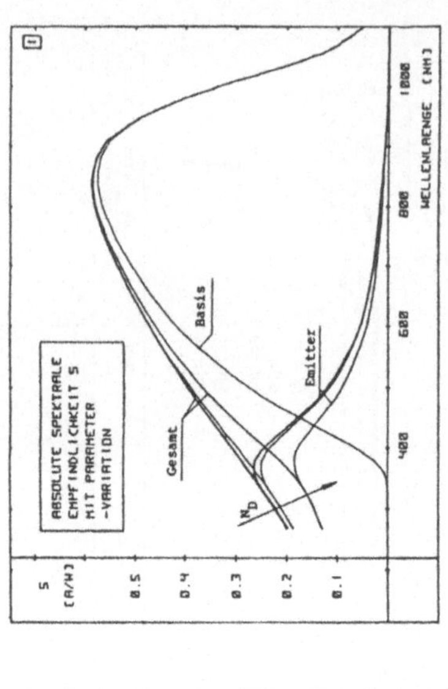

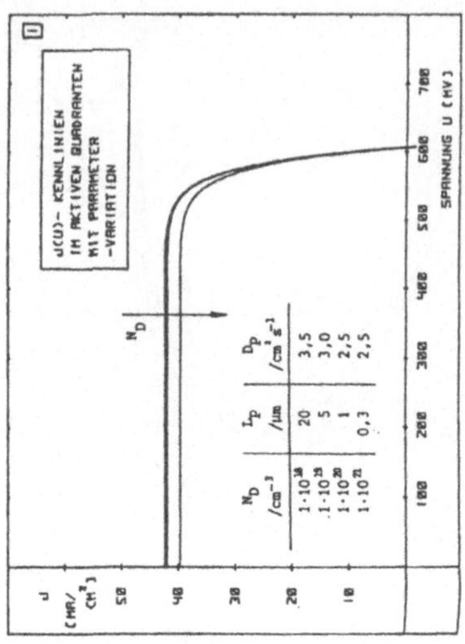

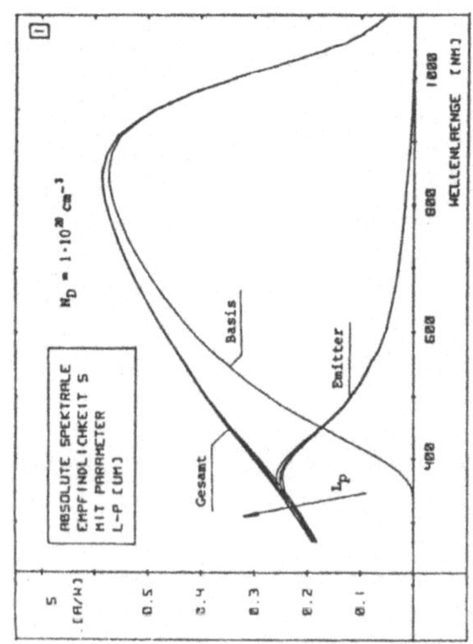

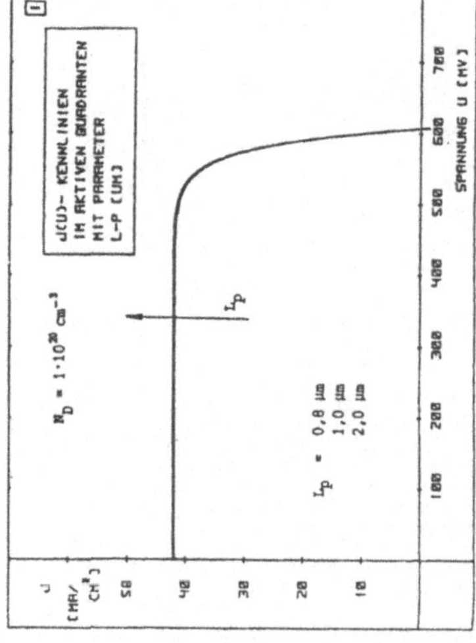

Abb. 5.3: Simulierte Generator-Kennlinien und spektrale Empfindlichkeiten von np-Si-Solarzellen: Variation der Emitter-Parameter L_p und N_D /5.1/.

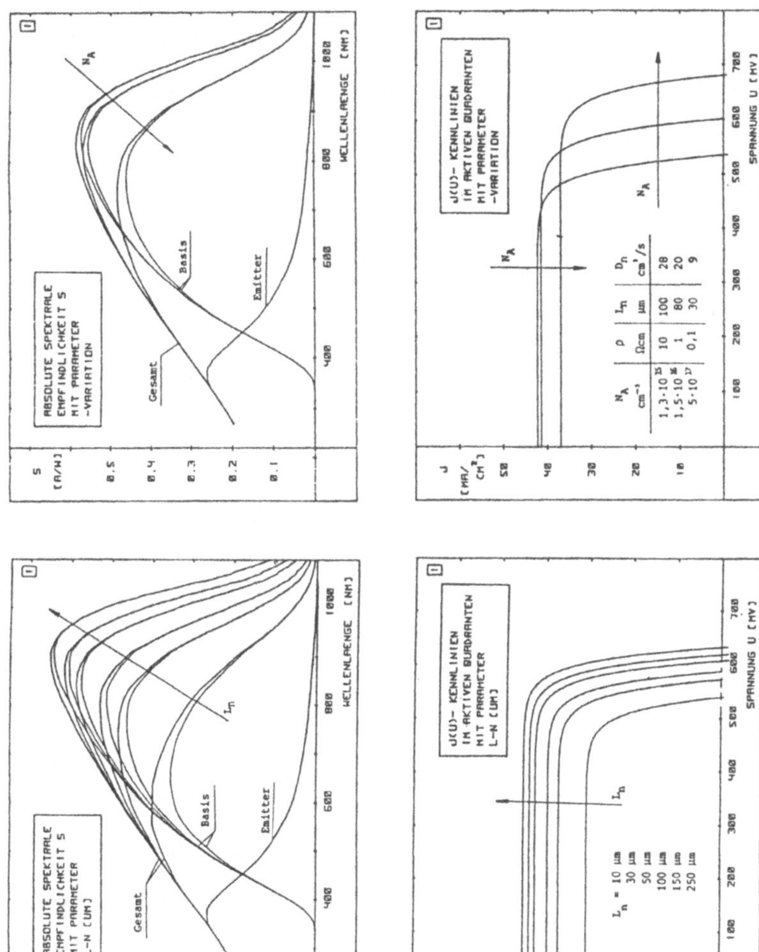

Abb. 5.4: Simulierte Generator-Kennlinien und spektrale Empfindlichkeiten von np-Si-Solarzellen: Variation der Basisparameter L_n und N_A /5.1/.

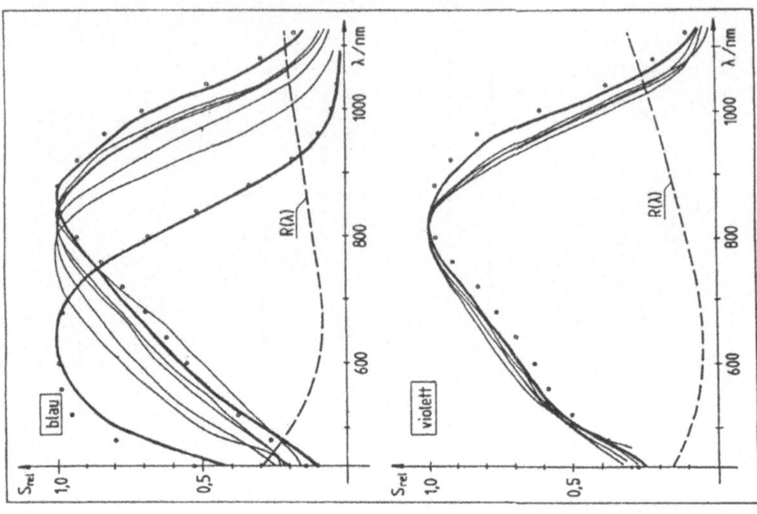

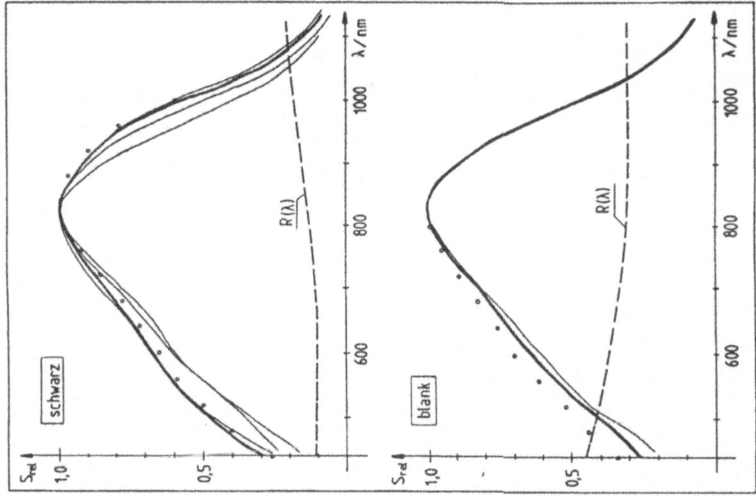

Abb. 5.5: Gemessene spektrale Empfindlichkeiten von np-Si-Solarzellen mit unterschiedlichen Farbeindruck durch Reflexion an der Oberfläche. a: schwarz, b: glänzend, c: blau, d: violett /5.1/.

5.2. Temperaturverhalten der Generatoreigenschaften

Die Generator-Kennlinie und die technischen Parameter einer Solarzelle werden zumeist nur unter Standard-Testbedingungen (AM1,5$_{global}$, 100 mW/cm^2, 25 °C) charakterisiert. Bei praktischen Anwendungen außerhalb des Labors stellen sich diese Werte allerdings nur selten ein. Die eingestrahlte Energie bewirkt eine Erwärmung, die an wolkenlosen Tagen oder in südlichen Ländern die Temperatur der Bauelemente auf über 70 °C ansteigen läßt. Die Temperaturabhängigkeit vieler Halbleitereigenschaften führt zu auffallenden Abweichungen der Generatoreigenschaften von den unter idealisierten Bedingungen gewonnenen Erwartungswerten. Die wesentlichen Ursachen und Wirkungen sollen hier für die kristalline np-Silizium-Solarzelle aufgezeigt werden. Nach dem in Kapitel 4 aufgestellten Modell ergibt sich die Kurzschlußstromdichte zu

$$j_k = j(U = 0, E) = j_0 \cdot (e^0 - 1) - j_{phot}(E) = -j_{phot}(E) \qquad (5.7)$$

und die Leerlaufspannung zu

$$0 = j(U = U_L, E) = j_0 \cdot (e^{U_L/U_T} - 1) - j_{phot}(E)$$

$$\Rightarrow U_L \approx U_T \cdot \ln\left(\frac{j_{phot}(E)}{j_0}\right) \quad . \qquad (5.8)$$

Aufgrund der geringen Emitterdicke und der hohen Emitter-Dotierungskonzentration können die in diesen Zusammenhängen bedeutsamen Ausdrücke der Photostromdichte und der Sperrsättigungsstromdichte in guter Näherung durch die jeweiligen Basisanteile

$$j_{phot}(E) = \frac{q\,\Phi_{p0}(\lambda)}{A} \cdot \frac{\alpha(\lambda)\,L_n}{1 + \alpha(\lambda)\,L_n} \quad \text{und} \quad j_0 = q\,n_i^2\,\frac{D_n}{L_n\,N_A} \qquad (5.9)$$

beschrieben werden. Die temperaturabhängigen Größen im Photostrom sind der Absorptionskoeffizient $\alpha(\lambda)$ und die Diffusionslänge

$$L_n = \sqrt{D_n \cdot \tau_n} = \sqrt{\frac{kT}{q} \cdot \mu_n \cdot \tau_n} \quad . \qquad (5.10)$$

Die Elektronenbeweglichkeit μ_n nimmt im interessierenden Bereich mit der Temperatur geringfügig ab, weil die Phononenstreuung im kristallinen Halbleitermaterial zunimmt. Dieser Effekt wird jedoch von der thermischen Energie kT überkompensiert, so daß L_n insgesamt geringfügig zunimmt. Vor allen nimmt aber der Bandabstand von Halbleitermaterialien mit steigender Temperatur ab, was eine Verschiebung der Absorptionskante zu größeren Wellenlängen bewirkt. Auf diese Weise können zusätzliche Photonen mit geringerer Energie vom Halbleitermaterial absorbiert werden. Die vergrößerte Diffusionslänge ermöglicht eine bessere Einsammlung von tief im Volumen der Solarzelle - also von langwelliger Strahlung - generierten Ladungsträgern. Beide Effekte führen zu einer Anhebung der spektralen Empfindlichkeit im "roten" Bereich des Spektrums kurz unterhalb der Absorptionskante und damit zu einer Photostromerhöhung. Der Temperaturkoeffizient des Photostromes

$$TK\{j_{phot}\} = \frac{1}{j_{phot}} \cdot \frac{\partial j_{phot}}{\partial T} \tag{5.11}$$

also die relative Änderung des Photostromes mit der Temperatur, liegt im Bereich einiger 10^{-4} K^{-1}, d.h. eine Temperaturerhöhung um 50 K bewirkt einen Anstieg des Photostromes um etwa 2%. Der sich mit steigender Temperatur verringernde Bandabstand

$$\Delta W(T) = \Delta W_0 - \frac{a \cdot T^2}{b+T} \qquad \text{mit} \qquad \Delta W_0, a, b = const \tag{5.12}$$

verursacht neben der Stromerhöhung gleichzeitig eine Erhöhung des Sperrsättigungsstromes j_0 und der Leerlaufspannung. Diese Abhängigkeiten sollen im Folgenden detailliert untersucht werden.

Material	ΔW_0 / eV	a / eV/K	b / K
Silizium	1,17	$4{,}73 \cdot 10^{-4}$	636
GaAs	1,52	$5{,}4 \cdot 10^{-4}$	204

Tab. 5.2:   Parameter zur Berechnung des temperaturabhängigen Bandabstandes.

Zunächst wird wie für den Photostrom auch für ΔW ein Temperaturkoeffizient bestimmt

$$\begin{aligned} TK\{\Delta W\} &= \frac{1}{\Delta W} \cdot \frac{\partial \Delta W}{\partial T} = \frac{1}{\dfrac{a \cdot T^2}{b+T} - \Delta W_0} \cdot \frac{2\,a\,b\,T + a\,T}{(b+T)^2} \\ &= \frac{1}{b+T} \cdot \frac{1 + 2\,b/T}{1 - \Delta W_0 \dfrac{b+T}{a\,T^2}} \cdot \end{aligned} \tag{5.13}$$

Für Silizium ergibt sich mit den Parametern aus Tab. 5.2 $TK\{\Delta W\}$ = $-2{,}26 \cdot 10^{-4}$ K^{-1} für T = 300 K und $TK\{\Delta W\}$ = $-2{,}49 \cdot 10^{-4}$ K^{-1} für T = 350 K. Das Verhältnis vom Bandabstand zur thermischen Energie regelt über die BOLTZMANN-Statistik, wie viele Ladungsträger thermisch angeregt die Bandlücke überwinden können, und damit die Besetzung von Valenz- und Leitungsband mit freien Ladungsträgern. Eine starke Temperaturabhängigkeit bildet sich im Wert der Eigenleitungsdichte

$$n_i = \sqrt{N_L N_V} \cdot e^{-\Delta W/2kT} \qquad \text{mit} \qquad N_{L,V} = 2\left(\frac{2\pi \cdot m_{L,V} \cdot kT}{h^2}\right)^{3/2} \propto T^{3/2} \tag{5.14}$$

ab, da ΔW in der Exponentialfunktion auftaucht. Für die Sperrsättigungsstromdichte

$$j_0(T) = q \cdot n_i^2(T) \cdot \frac{\mu_n \cdot kT}{L_n \cdot N_A} \qquad (5.15)$$

ergibt sich unter Vernachlässigung der geringeren Temperaturabhängigkeiten von Beweglichkeit und Diffusionslänge und unter Voraussetzung einer vollständigen Ionisation der Störstellen ($N_A \neq f(T)$)

$$j_0(T) \propto T^4 \cdot e^{-\Delta W/kT} \quad . \qquad (5.16)$$

Der Temperaturkoeffizient wird von der Exponentialfunktion bestimmt und lautet

$$TK\{j_0\} = \frac{1}{j_0} \cdot \frac{\partial j_0}{\partial T} = \frac{4}{T} - \frac{\Delta W}{kT} \cdot \left(TK\{\Delta W\} - \frac{1}{T} \right) \quad . \qquad (5.17)$$

Für $T = 300$ K eingesetzt ergibt sich $TK\{j_0\} = 0{,}168$ K^{-1}. Während der Photostrom sich bei Erwärmung um 50 K nur um 2% änderte, ergibt sich im gleichen Temperaturintervall für den Dunkelstrom ein Anstieg um mehr als 3 Größenordnungen! Dieser Einfluß macht sich im Wert der Leerlaufspannung stark bemerkbar, da die Generator-Kennlinie aus der Dunkelkennlinie durch Superposition mit dem Photostrom erhalten wird. Eine Erhöhung des Dunkelstromes bewirkt eine Verschiebung des Schnittpunktes der Kennlinie mit der Abzisse in Richtung geringerer Spannung. Als Temperaturkoeffizient wird berechnet

$$TK\{U_L\} = \frac{1}{U_L} \cdot \frac{\partial U_L}{\partial T} = \frac{1}{T} + \frac{1}{\ln\left(\dfrac{j_{phot}}{j_0} \right)} \cdot \left(TK\{j_{phot}\} - TK\{j_0\} \right) \quad . \qquad (5.18)$$

Dieser Ausdruck wird von der Temperaturabhängigkeit des Dunkelstromes dominiert, die trotz des sehr kleinen Vorfaktors ($\approx 5 \cdot 10^{-2}$) die durch die thermische Energie vorgegebene Tendenz einer mit der Temperatur anwachsenden Leerlaufspannung mehr als kompensiert. Realistische Werte sind $TK\{U_L\} \approx -5 \cdot 10^{-3}$ K^{-1}. Damit nimmt die Leerlaufspannung mit steigender Temperatur sehr viel schneller ab, als der Photostrom zunimmt; insgesamt ergibt sich ein Absinken des Energiewandlungs-Wirkungsgrades mit steigender Temperatur, der im Feldversuch bis zu 20% unter den Angaben aus dem unter Laborbedingungen aufgenommenen Datenblatt liegen kann.

5.3. Parameter einer optimierten c-Si-Solarzelle

Mit Hilfe der Gl. 5.3 lassen sich die wichtigsten Kenngrößen einer optimierten monokristallinen Silizium-Solarzelle abschätzen. Wir gehen dabei vom AM1,5-Spektrum (s. Anhang 3) aus und setzen die kumulative Bestrahlungsstärke $E = 100$ mW/cm^2 an. Den Ergebnissen für den Grenzwirkungsgrad entsprechend (Gl. 3.8) wird Strahlungsleistung von kristallinem Silizium mit $\eta_{ult} = 44\%$ in elektrische Leistung umgesetzt. Mit der Annahme ausschließlicher Wirksamkeit der p-Si-Basis und verschwindend dünnem n-Si-Emitter ($e^{-\alpha \cdot d_{em}} \approx 1$) gilt für die *optimierte Photostromdichte* einer np-c-Si-Solarzelle

$$j_{phot,opt}\left(AM\,1,5\right) = \frac{q}{h\nu_{gr}} \cdot \eta_{ult} \cdot E \approx 40\,mA\,/\,cm^2 \quad . \tag{5.19}$$

Die *optimierte Leerlaufspannung* kann nach Gl. 5.8

$$U_{L,opt} \approx U_T \cdot \ln\left(\frac{j_{phot,opt}(E)}{j_0}\right) \tag{5.20}$$

abgeschätzt werden. Zu dem Einfluß der Strahlungsleistungsdichte in $j_{phot,opt}(E)$ tritt hier derjenige der Sperrsättigungsstromdichte j_0, der sich aus Gl. 4.19 entnehmen läßt. Nehmen wir eine dicke Basis ($d_{ba}/L_n\to\infty$) und einen dünnen Emitter ($d_{em}/L_p\to0$) sowie geringe Oberflächenrekombination ($s\to0$) an, so verbleibt lediglich der Basisanteil des Elektronen-Diffusionsstromes

$$j_0 \approx q \cdot n_i^2 \cdot \frac{D_n}{L_n \cdot N_A} \quad . \tag{5.21}$$

Hierin erkennt man den direkten Einfluß der Basis-Dotierungskonzentration und des technologieabhängigen Parameters Diffusionslänge auf U_L. Die Diffusionskonstante darf in erster Näherung als konstant angenommen werden. Die Diffusionslänge ist nicht unabhängig von der Höhe der Dotierung. Nur für geringe Dotierungskonzentrationen ist eine große Diffusionslänge zu erwarten (s. Tab. 5.1). Es ist zur Abschätzung der optimierten Leerlaufspannung $U_{L,opt}$ für eine Grundtechnologie sinnvoll, in Gl. 5.21 ein Produkt $(L_n \cdot N_A)_{opt} \approx 1{\cdot}10^{14}$ cm^{-2} anzusetzen. Entsprechend erhält man

$$U_{L,opt}(T = 300\,K) \approx 25,8\,mV \cdot \ln\left(\frac{40\,mA\,/\,cm^2}{5\cdot10^{-9}\,mA\,/\,cm^2}\right) = 590\,mV \quad .$$

Die besten realisierten c-Si-Solarzellen einer Grundtechnologie ohne Zusatzmaßnahmen kommen den optimierten Werten nahe. Errechnet man auf dieser Grundlage den optimierten Wirkungsgrad einer np-c-Si-Solarzelle, so erhält man mit einem Füllfaktor FF = 0,83 nach Gl. 4.31

$$\eta_{opt}\left(AM\,1,5\right) = \frac{j_{phot,opt} \cdot U_{L,opt}}{E} \cdot FF \approx 20\% \quad . \tag{5.22}$$

Sehr deutlich erkennt man die Möglichkeiten der Verbesserung, die im Anheben der Basisdotierung ohne gleichzeitige Verringerung der Diffusionslänge beruht. Durch technologische Zusatzmaßnahmen wie z.B. der Einbringung eines rückseitigen Hoch-Niedrig-Überganges (engl.: back surface field (BSF)) lassen sich L_n und N_A voneinander teilweise entkoppeln. Durch eine BSF-Technologie gelingt es, das $L_n{\cdot}N_A$-Produkt um ein bis zwei Größenordnungen zu erhöhen, was sich in Leerlaufspannungen im Bereich $U_L \approx 700$ mV zeigt und den Wirkungsgrad auf bis zu $\eta_{opt} = 26\%$ anheben könnte. Wenn reale Solarzellen zur Zeit noch weit unterhalb dieser Erwartungen bleiben, so liegt dies u.a. an den parasitären Widerständen R_S und R_P (Kap. 4.5) und an unvollkommener Absorption im Halbleitermaterial durch zu hohe Reflexionsverluste.

5.4. Kristallzüchtung

Die Herstellung von Si-Einkristallen für Zwecke der Photovoltaik erfordert einen Kompromiß zwischen der Forderung nach hoher Materialqualität und niedrigen Prozeßkosten. Von technischer Bedeutung sind zur Zeit die Verfahren *Zonenziehen* und *Tiegelziehen*.

CZ-Silizium-Scheiben stammen von tiegelgezogenen Einkristallen nach dem CZOCHRALSKI-Verfahren (Abb. 5.6 links). Das Kristallwachstum beginnt mit dem Herausziehen eines Impfkristalles aus der Schmelze, die sich in einem Quarztiegel bei hoher Temperatur befindet. Neben einer axialen Veränderung der Dotierungskonzentration (engl. striations), die zu axialen Schwankungen des spezifischen Widerstandes führt (insbesondere bei <111>-Orientierung des Kristallgitters, die <100>-Orientierung ist aufgrund des Wachstumsprozesses hierfür weniger anfällig), spielt der hohe Anteil des aus dem Quarztiegel gelösten Sauerstoffs ($N_O \geq 10^{17}\,cm^{-3}$) eine wichtige Rolle für die Eigenschaften des CZ-Siliziums. Sauerstoff bildet bei langsamer Abkühlung eine Donator-Störstelle im Kristallgitter, die durch thermische Behandlung bei 650 °C und anschließendes schnelles Abkühlen ("Quenching") unterdrückt wird. Dabei entstehen mechanische Spannungen, eine Folge davon ist ein Netzwerk von Versetzungen, die sich zum Gettern von Verunreinigungen nutzen lassen, jedoch dabei die Minoritätsträger-Diffusionslänge herabsetzen. Als Getterung wird ein lokales Anreichern von Störstellen bezeichnet, welches deren Konzentration im Volumen verringert. In CZ-Silizium ist es möglich, die gesägten Scheiben zur Getterung von Störstellen auf der einen Seite einer Spezialbehandlung zu unterziehen, um an der abgewandten Seite die Minoritätsträger-Diffusionslänge zu erhöhen. Da jedoch Solarzellen keine planaren Strukturen sind, sondern die gesamte Scheibentiefe in den photovoltaischen Wandlungsprozeß einbeziehen, sind hier keine Wirkungsgradverbesserungen zu erwarten. Andererseits erhöht der gelöste Sauerstoff die mechanische Stabilität von dünnen CZ-Silizium-Scheiben, was angesichts der meist großen Fläche ($10 \cdot 10\,cm^2$ bzw. $\varnothing$ 4"...6") für die Produktionsausbeute dünner Solarzellen von Bedeutung ist.

FZ-Silizium-Scheiben (<u>f</u>loating <u>z</u>one = Zonenziehen) stammen von polykristallinen Reinst-Silizium-Stäben, die durch ein Heizelement geführt werden und dabei induktiv innerhalb einer schmalen Zone aufgeschmolzen werden (Abb. 5.6 rechts). Sie hängen innerhalb eines Rezipienten in einer Schutzgasatmosphäre und wachsen entsprechend der kristallographischen Ausrichtung eines Impfkristalls. Sie bleiben wegen fehlender Berührung mit einer Gefäßwand weitgehend frei von Verunreinigungen. Durch wiederholtes Zonenreinigen läßt sich der anfängliche Fremdstoffgehalt entsprechend dem Verteilungskoeffizienten $k = C_s / C_l$ der Verunreinigung in fester und flüssiger Phase erheblich absenken. Für die wichtigsten Verunreingungen in Silizium gilt $k < 1$, so daß sich die Fremdstoffe an den Kristallenden stark anreichern, während das Volumen während des Zonenziehens gereinigt wird. Der spezifische Widerstand und die Minoritätsträger-Diffusionslänge von FZ-Silizium haben i. allg. höhere Werte als in CZ-Material. Andererseits ist die mechanische Festigkeit von dünnen FZ-Scheiben geringer.

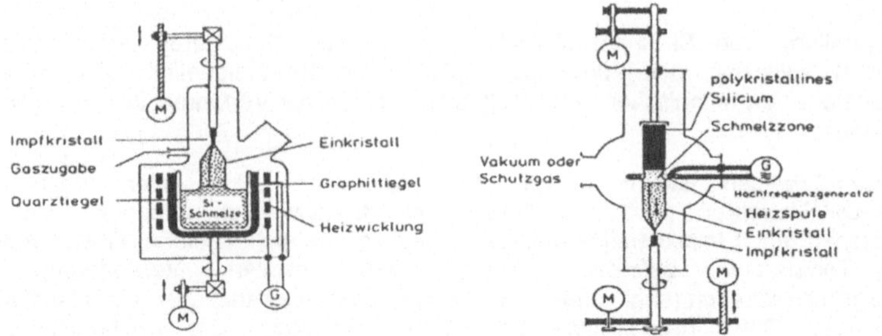

Abb. 5.6:   Herstellungsverfahren für monokristalline Silizium-Stäbe /5.2/.

In der Praxis wählt man als Ausgangsmaterial für die industrielle Fertigung von Solarzellen der terrestrischen Photovoltaik <100>-CZ-Silizium, während teures FZ-Silizium den Hochleistungs-Solarzellen für Raumfahrtanwendungen vorbehalten bleibt (z.B. für die Energieversorgung von Nachrichtensatelliten). Allerdings werden auch mehr und mehr CZ-Raumfahrtzellen hergestellt. Aus dem Si-Einkristall werden mit der Innenloch- oder der Gatter-Säge Scheiben (engl.: wafer) einer Dicke von 0,2 bis 0,4 mm abgesägt, die die notwendige mechanische Stabilität bei der Produktion und der Montage bis zu 10 · 10 cm^2 oder $\varnothing$ 4"-Solarzellen gewährleistet.

Beim Innenlochsägen ist das Sägeblatt am Außenumfang eingespannt und sägt mit einer Schneide, die als Kreis nach innen gerichtet ist. Durch die Art der Einspannung wird die seitliche Schwingung des Sägeblattes sehr viel geringer als z. B. bei einer Kreissäge, deren Sägeblatt innen axial gelagert wird und deren Schneide am Außenumfang nach außen gerichtet ist. Auf diese Weise sind beim Innenlochsägen Verschnitt und Materialverlust geringer und es lassen sich dünnere Scheiben schneiden. Noch günstiger ist die Verwendung von Gattersägen. Hier sägt gleichzeitig eine Anzahl diamant-belegter Stahldrähte, die in Führungsrollen vor und hinter dem Sägegut gelagert sind.

Durch den Sägevorgang geht annähernd die gleiche Menge Reinst-Silizium als Sägestaub verloren, wie für die Solarzellen technisch genutzt werden kann: ein bedauerliches, aber für diese Zellen bis heute nicht abgestelltes Herstellungsdefizit.

5.5.   Präparation

Ausgangsmaterial:	CZ-Einkristall ($\varnothing$3"...4"; 2 m lang, <100>-Orientierung, 1...10 Ωcm, p-leitend (Bor).

1. Sägen: Innenloch-Sägen von Scheiben: Dicke $\approx$ 200...400 µm.

2. Läppen und Reinigen: Schleifmittel Al_2O_3 (10 µm Körnung), Abtrag beiderseitig auf 180, 200 oder 250 µm, Ätzen in KOH.

3. Implantation des rückseitigen pp^+-Überganges: Bor-Implantation zur Erzeugung eines p^+-Bereiches im p-Grundmaterial für ein Rückseitenfeld (BSF) und den Kontaktbereich.

4. Emitter-Diffusion: Aufbringung einer Diffusionsmaske auf der Rückseite, Phosphordiffusion im Quarzrohr (PBr_3 + N_2 bei 800 °C, Diffusionstiefe 0,1 µm bis 0,2 µm).

5. Metallisierung: Rückseite: Al ganzflächig im Vakuum aufgedampft, Vorderseite: Fingerstruktur, Ti/Pd/Ag im Vakuum aufgedampft, Einsintern bei 400 °C.

6. Optische Vergütung: (= ARC, engl.: anti-reflective coating) TiO_x ($1 \leq x \leq 2$) oder Ta_2O_5 aufgesputtert im Vakuum, Einsintern bei 400 °C.

7. Trennen der Zellen: "Vereinzeln": Raumfahrtzellen: $2 \cdot 4$ cm^2, $4 \cdot 6$ cm^2.

8. Testen der Einzelzellen: Visuell: ARC-Inhomogenitäten, mechanisch: Kontakthaftung, optoelektronisch: I(U)-Kennlinie bei AM0 bzw. AM1,5-Bestrahlung.

9. String- und Modulaufbau: Zell-Auswahl für String (I_K), String-Auswahl für Module (U_L), Elektroschweißung der Verbinder, Deckglas-Klebung und Aufbringung auf Träger, Blitzlicht-Prüfung der Module.

Produkt: Module aus n^+pp^+-c-Si-Solarzellen,
Diffusionslänge L_n > 200 µm bei Zellendicke $d_{SZ} \approx$ 200 µm,
Wirkungsgrad $\eta_{AM0}(T = 28°C) \geq 15\%$,
Strahlungstest (e / 10^{15} cm^{-2}, 1 MeV): $\eta / \eta_0 \geq 0,85$,
Hochleistungs-Solarzellen für individuell konzipierte Satellitengeneratoren
(1..20 kW).

<u>Bemerkung zur BSF-Implantation (Schritt 3):</u>

Die zusätzliche Rückseiten-Implantation eines isotypen pp^+-Überganges erzeugt eine zusätzliche Raumladung, an der die Überschußelektronen elektrisch ins Volumen zurückgetrieben ("reflektiert") werden (Abb. 5.7), was zu einer scheinbaren Erhöhung der Diffusionslänge führt. Durch die größere Dotierungskonzentration wird das Fermi-Niveau näher an die Bandkante geführt, wodurch zusätzlich die Leerlaufspannung anwachsen kann. Außerdem wird durch die p^+-Dotierung unter der Metallisierung leichter ein ohmsches Kontaktverhalten erzielt.

Abschließend zeigt die Abb. 5.8 Meßergebnisse einer np-c-Si-Raumfahrt-Solarzelle: links die spektrale Empfindlichkeit $S = f(\lambda)$, rechts die Generator-Kennlinie $I(U)$ für das AMO-Spektrum mit dem Punkt maximaler Leistungsabgabe ("○"). Die Messungen wurden an einer 4 cm²-Solarzelle durchgeführt, der ermittelte Wirkungsgrad beträgt $\eta = 14{,}1\%$, der Füllfaktor $FF = 71{,}6\%$ und der optimale Lastwiderstand $R_L = 2{,}8\ \Omega$.

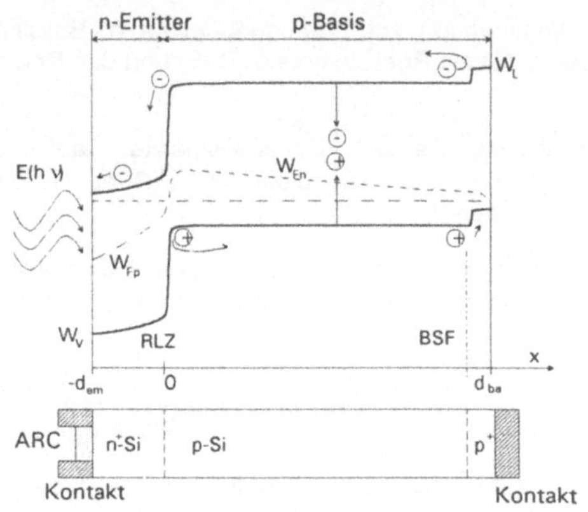

Abb. 5.7:   Bändermodell einer Solarzelle mit Rückseitenfeld.

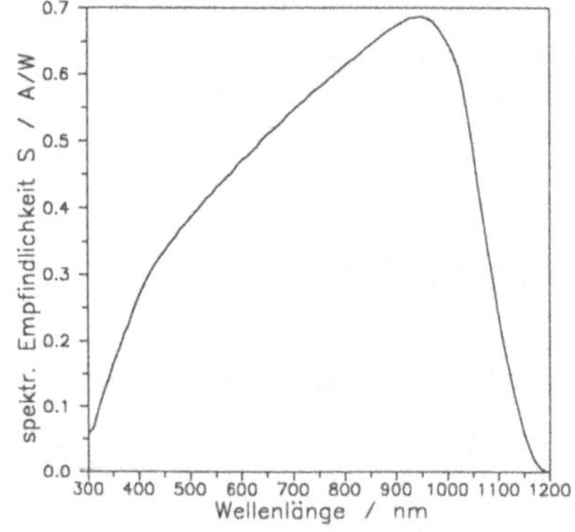

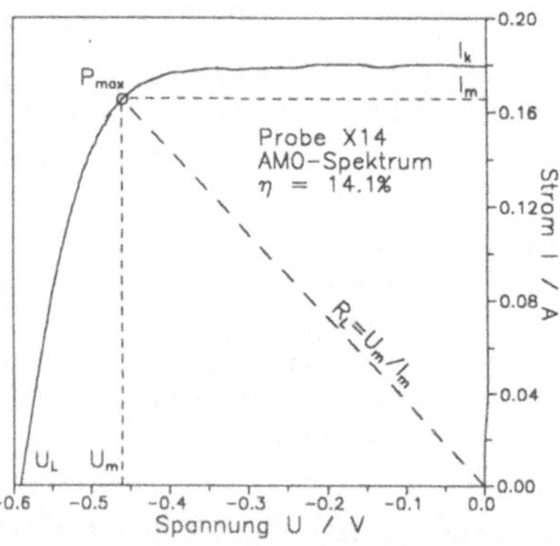

Abb. 5.8:   Meßdaten einer np-Raumfahrt-Solarzelle bei $T = 25°C$ (Fläche $A = 4$ cm²).
links: Spektrale Empfindlichkeit $S = f(\lambda)$,
rechts: Generator-Kennlinie $I = f(U)$ bei simulierter AMO-Bestrahlung (136,7 mW/cm²).

5.6. Hochleistungs-Solarzellen

Wie in Kap. 4 herausgearbeitet, bestimmen die Werte des Absorptionskoeffizienten $\alpha(\lambda)$ im Bereich des Sonnenspektrums und diejenigen der Diffusionslänge der Minoritätsträger im Bereich der absorbierenden Schicht (also i. allg. diejenige der Elektronen L_n) bzw. ihr Produkt $\alpha \cdot L_n$ (Gl. 5.2) die Qualität der Energiewandlung. Wenn $\alpha \cdot L_n > 1$ gilt, verschwindet die Abhängigkeit von diesem Produkt und die Photostromdichte wird maximal. Beim c-Si läßt sich die Absorptionskante $\alpha(\lambda)$ des Halbleiters nicht beeinflussen, ebenso wenig läßt sich die Minoritätsträger-Diffusionslänge L_n über gewisse Grenzen steigern.

Ein wichtiger Kunstgriff ist dann, den Weg der Lichtstrahlen innerhalb einer dünneren Probe zu verlängern ("Light Trapping"). Dies gelingt durch *Texturierung* der Oberfläche (Anätzen oder Laser-Furchen), wodurch die Lichtstrahlen stets unter einem flachen Winkel in die Solarzelle hineingebrochen werden und der zunächst reflektierte Anteil noch eine zweite Chance bekommt, in die Solarzelle zu gelangen (Abb. 5.9). Die Solarzellen-Rückseite kann ebenso strukturiert oder aufgeraut werden, um im Bauelement nicht-absorbiertes Licht in die Zelle zurück zu reflektieren.

Durch die Anätzung oder Furchung der Oberfläche wächst i. allg. die Oberflächenrekombination. Da sich die Absorption der unter flachem Winkel eintretenden Strahlen nun oberflächennäher abspielt, sollte die Oberflächenrekombinationsgeschwindigkeit an der Vorder- und Rückseite so gering wie möglich sein, unabhängig davon, ob ein sehr flacher oder tief ausgedehnter Emitter existiert.

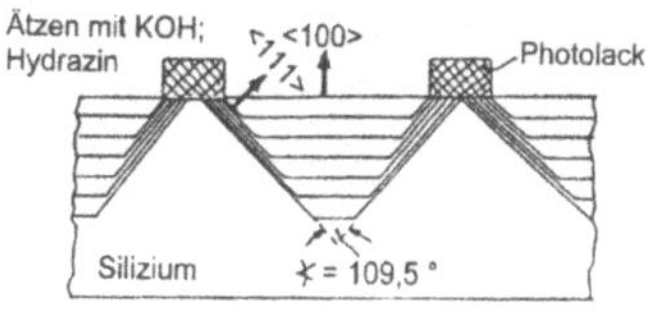

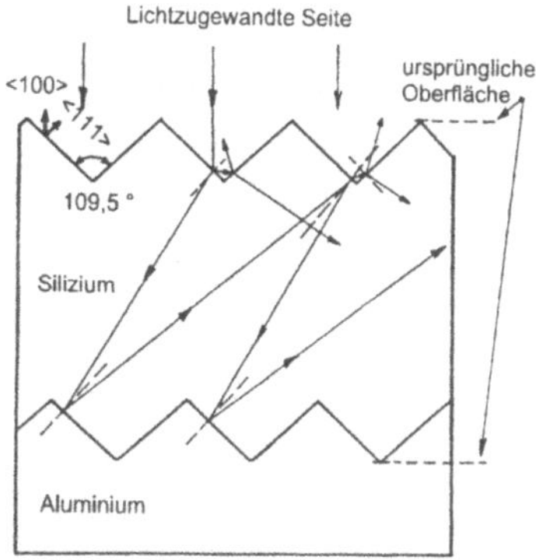

Abb. 5.9:

<u>oben:</u> Erzeugung von Lichtfallen durch anisotropes Ätzen einer <100>-Si-Oberfläche mit KOH oder Hydrazin,

<u>unten:</u> Schematisierte Funktion der Lichtfallen durch eingeätzte Oberflächenfurchen (engl.: grooves).

Seit Mitte der achtziger Jahre wurden von Arbeitsgruppen aus New South Wales (Australien) und Stanford (Kalifornien) Hochleistungs-c-Si-Solarzellen vorgestellt, die die genannten Forderungen erfüllen, weil deren Bauelement-Oberflächen konsequent im Sinne der Mikroelektronik bearbeitet werden. Allerdings treiben die dabei angewandten teuren Prozeßschritte (Photolithographie, Strukturätzen mit nachfolgender thermischer Oxidation u.a.) die Preise der Solarzellen in die Höhe. Andererseits entstehen so wichtige Einsichten, die sich u. U. kostengünstiger im industriellen Produktionsablauf realisieren lassen.

Die erste Solarzelle dieser Art war die australische µg-PESC-Solarzelle (microgrooved passivated emitter solar cell, Abb. 5.10). Diese Solarzelle war mit einem Laser gefurcht und oxidiert worden und enthielt eine p^+-BSF-Schicht.

Eine Weiterentwicklung war die Single-Sided Laser Grooved Buried Contact Solar Cell (Abb. 5.11). Die texturierten Vorder- und Rückseiten sind durch Anisotropie-Ätzen (z.B. in KOH) erzielt worden, die Laser-Furchung (20 µm breit, 60 µm tief) bezieht sich auf die Vorderseitenkontakte, die durch eine zusätzliche Diffusion (n^{++}) und durch Nickel- und Kupfer-Abscheidung elektrisch optimiert wurden. Der Schlußpunkt dieser Entwicklung ist die Double-Sided Laser Grooved Buried Contact Solar Cell, bei der der Rückseitenkontakt ebenfalls durch Laser-Furchung und Metall-Platierung optimiert wurde, einschließlich der p^+-BSF-Schicht (Abb. 5.12). Hier werden die derzeitigen Spitzenwirkungsgrade von $\eta_{AM1,5} = 24,8\%$ für c-Si erreicht.

Die Stanford-Gruppe stellte um 1985 eine c-Si-Hochleistungssolarzelle als Punkt-Kontakt-Bauelement vor, bei dem beide Kontakte (für n^+-Emitter und p^+-Basis) auf der Rückseite wie Finger ineinandergreifen (engl.: interdigitated contacts) und so die rekombinationsempfindliche Vorderseite optimal zu passivieren gestatten (Abb. 5.13). Mit einer KOH-Texturierung und thermischer Oxidation erzielte man mit dünnem ($\approx$ 150 µm) hochohmigen FZ-n-Si-Material im konzentrierten Sonnenlicht $\eta_{(100 \times AM1,5)} = 27,5\%$, im einfachen Sonnenlicht $\eta_{AM1,5} = 22,2\%$. Bemerkenswert niedrig liegen die angegebenen Rekombinationsparameter: $\tau > 1,5$ ms und $s < 8$ cm/s.

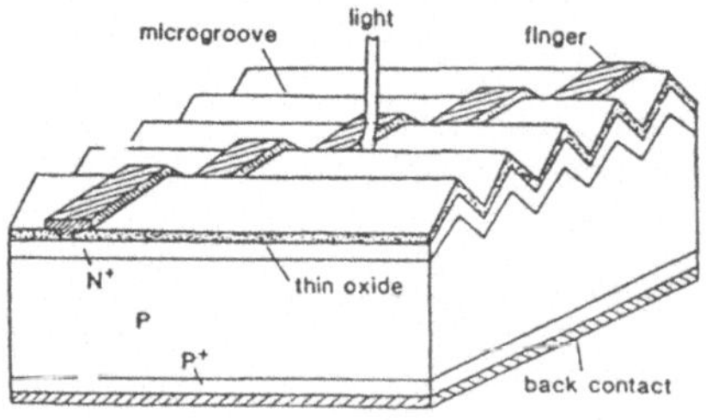

Abb. 5.10:   µg-PESC-Solarzelle /5.3/, $\eta_{AM1,5} = 21,5\%$.

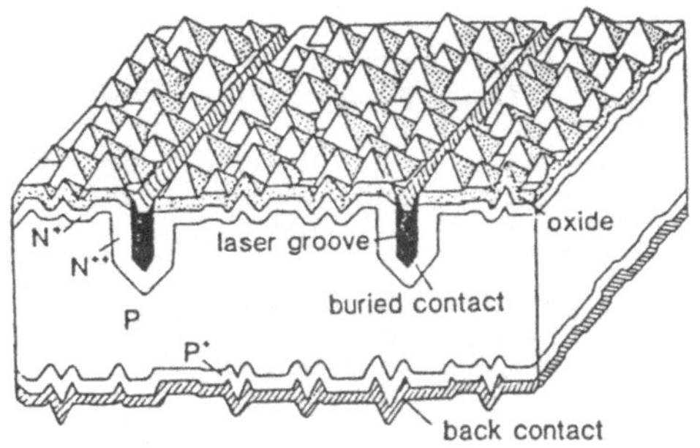

Abb. 5.11:   Single-sided laser grooved buried contact Solarzelle $^{/5.4/}$, $\eta_{AM1,5} = 19,4\%$.

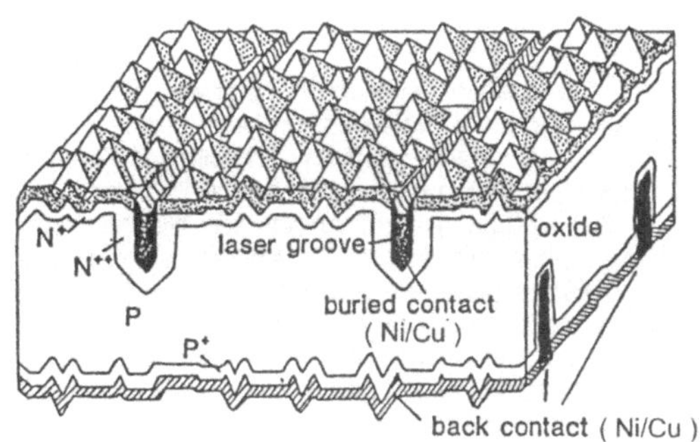

Abb. 5.12:   Double-sided laser grooved buried contact Solarzelle $^{/5.5/}$, $\eta_{AM1,5} = 23,5\%$.

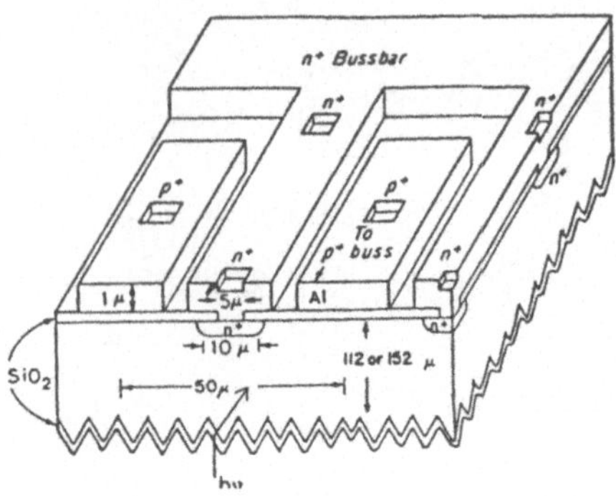

Abb. 5.13:   Punktkontakt-Hochleistungs-Solarzelle mit Fingerstruktur /5.6/, $\eta_{(100 \text{ x AM1,5})} = 27,5\%$.

Die hier betrachteten Solarzellen erreichen höchste Wirkungsgrade nur unter erheblichem Aufwand. An solchen Bauelementen kann man vor allem lernen, für die meisten Anwendungen sind sie unwirtschaftlich. Erheblicher Forschungsbedarf besteht zur Zeit in Hinblick auf die Herstellung preiswerter und effizienter Solarzellen. Dabei geht es um die Vermeidung aufwendiger Prozeßschritte wie Hochtemperatur- und Vakuumprozesse und Photolithographie und um das Einsparen wertvollen Materials. Wenn es gelingt, durch Lichtfallen, Oberflächentexturierung o.ä. die Strahlung in viel dünneren Schichten zu absorbieren, so kann die Dicke einer Silizium-Solarzelle auf etwa 20 µm reduziert werden. An die Volumenqualität des Materials können dann weit geringere Anforderungen gestellt werden. Eine Diffusionslänge, welche die Basisdicke um das Zwei- bis Dreifache übertrifft, reicht vollkommen, um alle generierten Ladungsträger einzusammeln. So kommen preiswertere Abscheideverfahren auf billigen Substraten wie Glas, metal-grade silicon u.a. für die Herstellung in Betracht. Nach Gl. 4.20 ist für eine dünne Basis zusätzlich eine Verringerung des Sperrsättigungsstromes zu erwarten. Eine daraus resultierende erhöhte Leerlaufspannung ist experimentell nachgewiesen /5.7/.

Im Vorschlagsstadium befinden sich derzeit Ideen, die vollkommen neuartige Strukturen empfehlen. Angedacht sind Bauelemente, die auf den gegenüberliegenden Oberflächen durch zueinander um 90° verdrehte v-förmige Gräben so tief strukturiert sind, daß an den Kreuzungspunkten der vorder- und der rückseitigen Rinnen Löcher entstehen, an denen der Emitter durchkontaktiert werden kann /5.8/.

Ferner wird eine Stapelung vieler dünner pn-Übergänge niedriger Materialqualität vorgeschlagen, deren n- bzw. p-Gebiete lateral kontaktiert werden. Eine solche Solarzelle bestünde nur aus Raumladungszonen, so daß die Rekombinationsverluste trotz einer geringen Diffusionslänge klein gehalten würden /5.9/.

6. Polykristalline Silizium-Solarzellen

Silizium als Werkstoff für mikroelektronische und leistungselektronische Bauelemente wird mit hoher Reinheit als einkristallines SeGS-Material (<u>se</u>miconductor <u>g</u>rade <u>s</u>ilicon) hergestellt. Während für diese Bauelemente die Herstellungskosten des Materials keine große Rolle spielen, bilden sie für Solarzellen, deren gewandelte Leistung proportional zur bestrahlten Fläche ist, einen beträchtlichen Teil der Gesamtkosten. Bei den kristallinen Solarzellen kommt hinzu, daß die mechanische Stabilität der Zelle (Vermeidung von Bruch) über die Zellendicke (> 0,3 mm) eingestellt wird. Deshalb hat man neuartige, an den spezifischen Bedürfnissen der Photovoltaik ausgerichtete Verfahren entwickelt, um die Herstellungskosten für Solarzellen-Silizium zu senken. Dabei läßt man eine Minderung von wichtigen Parametern (Fremdstoffgehalt und einwandfreies Kristallwachstum) in kalkulierter Weise zu. Freilich muß man in diesem Fall einen etwas verringerten Energiewandlungs-Wirkungsgrad, auf den die sehr empfindlich durch Fremdstoffe und Gitterunregelmäßigkeiten beeinträchtigte Minoritätsträger-Diffusionslänge (s. Kap. 5) wirkt, in Kauf nehmen.

6.1. Vergleich der Herstellungsverfahren

Im Folgenden wird dargestellt, daß man auch aus polykristallinem Silizium (poly-Si) Solarzellen mit gutem Wirkungsgrad herstellen kann. Dabei geht man industriell meist von kokillen-gegossenen Silizium-Blöcken aus. Der Silizium-Einsatz für den Blockguß benutzt dabei SoGS-Material (<u>so</u>lar <u>g</u>rade <u>s</u>ilicon), das heute materialsparender und energiesparender als das SeGS-Material hergestellt wird.

Die Abb. 6.1 zeigt im Vergleich zum konventionellen *Silan-Verfahren* für die SeGS-Qualität (links) zwei Varianten des Block-Guß-Siliziums. In der Mitte wird der materialaufwendige Raffinationsvorgang des Silans durch einen *Auslaugprozeß* des MGS-Si-Pulvers (<u>metal g</u>rade <u>s</u>ilicon: durch fraktionierte Destillation gewonnenes Ausgangsmaterial für die Silizium-Kristallherstellung) durch Säuren ersetzt. Das MGS-Si-Pulver ist dann Ausgangsstoff des Blockgießens. Rechts werden die Roh-Silane im *Aluminium-Gegenstromverfahren* gereinigt, das außerordentlich materialsparend SoGS-Material herzustellen gestattet. Bei beiden Blockgußverfahren wird die Menge des Ausgangs-Silizium lediglich auf ca. ein Drittel (und nicht auf weniger als ein Zehntel wie beim Silan-Verfahren) reduziert; der Energieaufwand für die Blockgußverfahren beträgt weniger als ein Zehntel im Vergleich mit den Kristall-Zieh- und -Reinigungsverfahren (unabhängig davon, ob CZ- oder FZ-Silizium). Leider hat es trotzdem bisher nicht die erwartete Preissenkung für Solarzellen gegeben, die aus poly-Si-Material hergestellt werden.

Neben dem Blockgußverfahren gibt es weitere Verfahren zur Fertigung von poly-Si-Solarzellen, wie die unterschiedlichen Strang-Zieh-Verfahren (z.B. mit Kohle-Faser-Gewebe aus der Schmelze) oder die Sinter-Verfahren von keramisch verarbeitetem Si-Pulver. Diese Verfahren sind jedoch bislang nicht für kommerziell verfügbare poly-Si-Solarzellen eingesetzt worden.

6. Polykristalline Silizium-Solarzellen

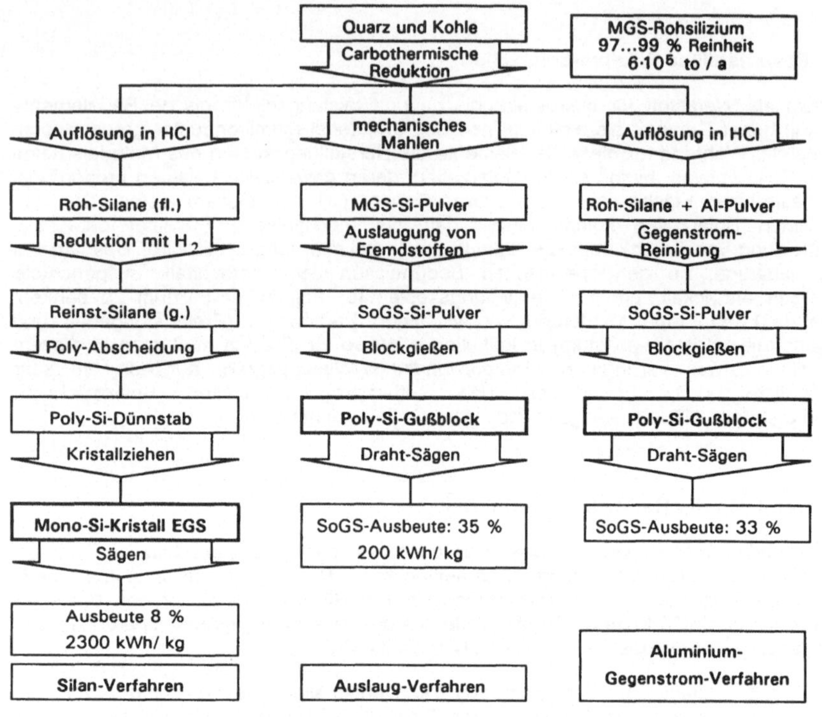

Abb. 6.1:   Materialverluste und Energiebedarf verschiedener Herstellungsverfahren für poly-Si.

6.2. Kokillenguß-Verfahren für polykristalline Silizium-Blöcke

Wenn man geschmolzenes Silizium in eine Gußform, in eine Kokille, abgießt und es langsam abkühlen läßt, erstarrt es zu polykristallinem Silizium. Dieses Material besteht entsprechend den Erstarrungsbedingungen aus unterschiedlich großen zueinander zufallsgeordneten "Körnern", die jeweils einkristallinen Bereichen entsprechen. Die einzelnen Körner berühren mit einer Korngrenze die Nachbarkörner. Die Korngrenze bildet die Oberfläche des einzelnen mikrokristallinen Bereiches. Ähnlich der Oberfläche einer c-Si-Scheibe repräsentiert die Korngrenze eine Fläche beträchtlich höherer Rekombination als das Innere, das Volumen der Körner. Verarbeitet man nun dieses Halbleitermaterial zu Solarzellen, so lassen sich in ihnen die Voraussetzungen für eine wirkungsvolle Diffusion von Überschußladungsträgern zum np-Übergang nicht ohne weiteres erfüllen, weil an jeder überquerten Korngrenze, z.B. innerhalb der Solarzellen-Basis, ein beträchtlicher Anteil der Überschußladungsträger bereits rekombiniert.

70

Deshalb ist es notwendig, die Erstarrungsbedingungen des gegossenen Siliziums so zu wählen, daß Überschußladungsträger auf ihrem Wege zur Raumladungszone keine Korngrenze überqueren müssen. Diese Bedingung läßt sich für das kolumnare poly-Silizium (engl.: columnar = in Säulen angeordnet) erfüllen (Abb. 6.2), in dem bereichsweise nebeneinander parallel angeordnet die mikrokristallinen Bereiche senkrecht zum np-Übergang stehen.

Das kolumnare Silizium wird durch Kokillenguß im Vakuum und eine besondere Verfahrensweise beim allmählichen Abkühlen hergestellt. Kernpunkt ist dabei, die Erstarrungsfront des Schmelzgutes möglichst eben - innerhalb der Kokille von unten nach oben - zu bewegen. Während man der Oberseite des Schmelzgutes Wärme zuführt, kühlt man gleichzeitig den Boden (und nach und nach auch die Seitenflächen der Kokille), um den Wachstumsprozeß der säulenförmigen Mikrokristallite von unten nach oben zu steuern. Dabei kommt es darauf an, die Wärmeabfuhr über Boden und Seitenflächen der Kokille so zu steuern, daß nur am Boden die Keimbildung der mikrokristallinen Bereiche einsetzt und nicht auch an der Kokillen-Seitenfläche. Entsprechend ihrem Verteilungskoeffizienten findet man schließlich die meisten Verunreinigungen an der Oberseite des erstarrten Gußblockes, die vor der Solarzellenherstellung entfernt wird.

Die Qualität des poly-Si-Materials prüft man nach Sägen und Anätzen anhand der Struktur der mikrokristallinen Kornbereiche: optimal ist eine parallel verlaufende kolumnare Struktur möglichst breiter mikrokristalliner Bereiche. Für Solarzellen sägt man den Gußblock (bis zu 200 kg) mit einer Gatter-Draht-Säge senkrecht zur kolumnaren Ordnung in Scheiben (z.B. $10 \times 10 \times 0{,}04$ cm^3) und verarbeitet die Scheiben zu np-Solarzellen. In der Wafer-Fläche der Solarzelle lassen sich dann die einzelnen mikrokristallinen Bereiche gut erkennen, weil die unterschiedlichen kristallographischen Richtungen im Material von der Säurebehandlung verschiedenartig angeätzt werden und danach auch unterschiedlich das auffallende Licht reflektieren (Abb. 6.4). Das Ausgangsmaterial ist i. allg. p-leitend.

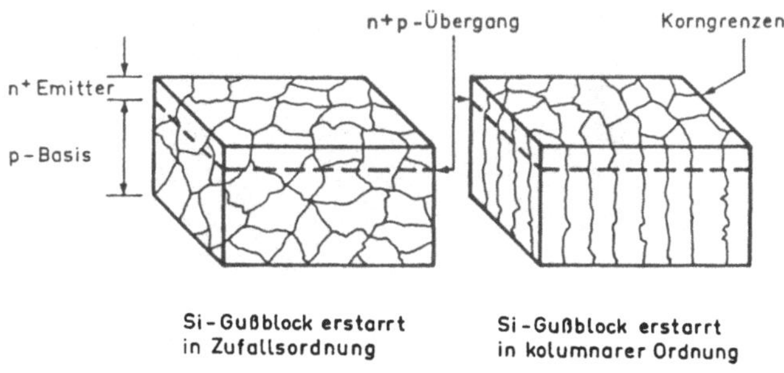

Abb. 6.2:   Si-Gußblock: links: in polykristalliner Zufallsordnung,
                                  rechts: kolumnar geordnet erstarrt, mit n+p-Übergang.

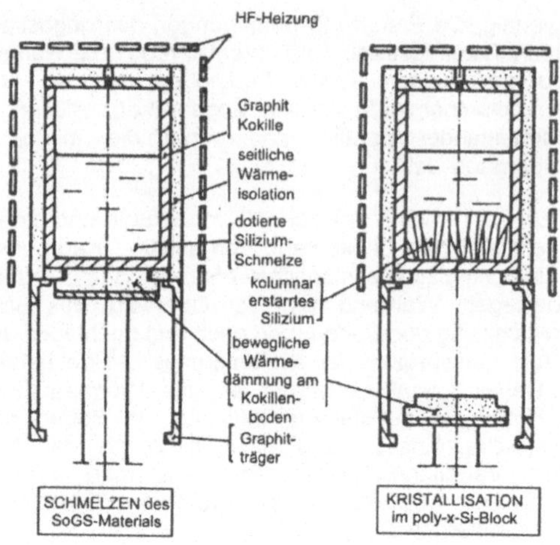

Abb. 6.3:   Gußtechnik für kolumnares poly-Silizium.
        links: Schmelze in der mit Graphit ausgekleideten Kokille,
        rechts: nach Entfernen der Wärmedämmung am Kokillenboden wachsen
                        säulenförmige Mikrokristallite von unten nach oben.

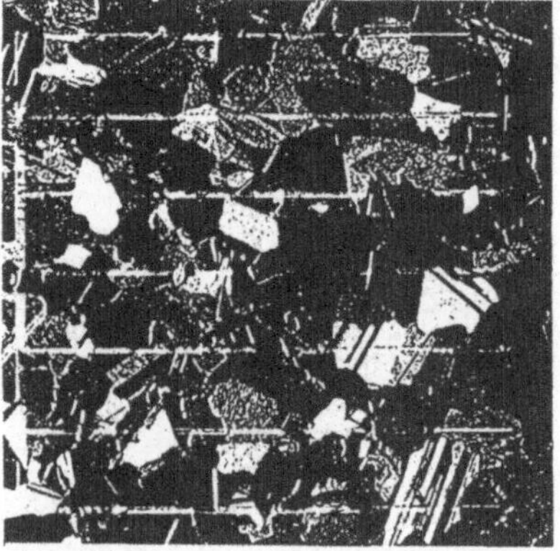

Abb. 6.4:   Vergrößerte Aufsicht auf eine SILSO-Solarzelle 2×2 cm^2 (poly-Silizium: p-leitende Basis, n^+-leitender Emitter) mit Vorderseitenkontakt ("Gridfinger"). Die kolumnaren Mikrokristallite zeigen ihren Querschnitt. Die Hervorhebung von Bereichen unterschiedlicher kristallographischer Orientierung erfolgte durch anisotropes Ätzen in Kalilauge (KOH).

Je nach dem industriellen Herstellungsverfahren ist die mikrokristalline Struktur unterschiedlich. Die älteste Technologie ist das SILSO-Verfahren (Fa. WACKER/ HELIOTRONIK). Ferner gibt es das SEMIX-Verfahren (Fa. SOLAREX, USA) u.a. und neuerdings das ReSitAl-Verfahren (Fa. BAYER). (ReSitAl = Solarsilizium aus der Reduktion von Silizium Tetrachlorid mit Aluminium, s. Abb. 6.1).

6.3. Modell der Korngrenze im polykristallinem Silizium

Ein analytisches Modell der poly-Si-Solarzelle ist erheblich schwieriger aufzustellen als das des monokristallinen c-Si-Bauelementes. Dabei ist die größte Schwierigkeit, die Mitwirkung der *Korngrenzen* (engl.: grain boundary, abgekürzt: gb) angemessen zu beschreiben.

Die Korngrenzen stellen flächenhafte Kristallfehler dar. In den Korngrenzen endet die periodische Gitterordnung der Mikrokristallite und stößt in ihnen, unter einem Zufallswinkel, auf diejenige des Nachbarmikrokristalliten (Abb. 6.5). Die aufeinanderstoßenden Kristallit-Orientierungen haben keine Vorzugsrichtungen, die Korngrenzen sind auch keine Ebenen. Ein Charakteristikum der Korngrenzen sind einmal die nicht-abgesättigten Valenzen der Silizium-Atome in der gb-Fläche (die "baumelnden" Bindungen, engl.: dangling bonds), zum anderen die fehlgeordnet-abgesättigten (verspannten) Valenzen von gb-Silizium-Atomen innerhalb der und quer über die Korngrenze hinweg. Beide Fehlordnungen erzeugen zusätzliche Energiezustände im Energiebänder-Modell innerhalb der *Verbotenen Zone* des Siliziums. Man erhält wegen der Fülle unterschiedlicher gb-Zustände eine über der Energie kontinuierlich verteilte energetische Dichte. Die Mitwirkung der gb-Zustände am Ladungsträgergleichgewicht des Mikrokristalliten beschreibt man analog zu der Aktivität von energetischen Phasengrenzen-Zuständen (engl.: interface-states) der Silizium-Oberfläche im SiO_2/Si-System der MOS-Bauelemente. So unterscheidet man entsprechend ihrem Ladungszustand Donator- oder Akzeptor-Zustände, die hinsichtlich ihrer energetischen Lage im Verbotenen Band des Siliziums und derjenigen des Fermi-Niveaus als geladene Zustände (engl.: trapping states) oder als Rekombinationszustände charakterisiert werden können.

Die gb-Zustände im p-leitenden poly-Si-Material der Solarzellen-Basis sind als *Donator-Zustände* im Bereich der Verbotenen Zone identifiziert worden. Damit ist eine beträchtliche positive Ladung innerhalb der Korngrenze verbunden, weil die gb-Donator-Zustände oberhalb der Fermi-Energie ihr Elektron an das Leitungsband abgeben und als positiv ionisierte Atomrümpfe im Gitter verbleiben. Wegen der geringen Elektronenkonzentration in den angrenzenden p-Si-Bereichen diffundieren die freien Elektronen dorthin, bis sich ein Gleichgewicht aus Abdiffusion und Feldwirkung mit den ionisierten Donatoren einstellt. Aus Neutralitätsgründen tragen die beiderseitigen Randzonen benachbarter Kristallite eine gleich große Ladung umgekehrten Vorzeichens wie die RLZ (Abb. 6.6b). Im p-leitenden Bereich entsteht dadurch eine *Verarmungs- oder Inversions-Randschicht*, charakterisiert durch die Korngrenzen-Bandverbiegung Ψ_{gb} (Abb. 6.6a).

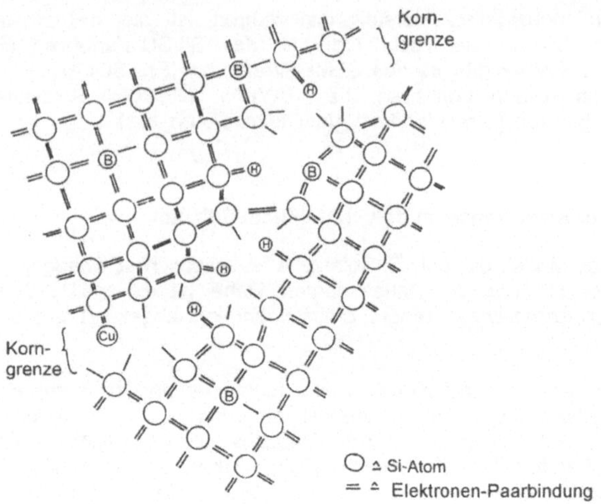

Abb. 6.5:   Physikalisches Modell einer Korngrenze im p-leitenden poly-Silizium. Man erkennt die Dotieratome des Bor im Inneren der beiden Mikrokristallite, ebenfalls die von Elektronenpaaren gebundenen Wasserstoffatome, schließlich ein Metallatom (z.B. Cu).

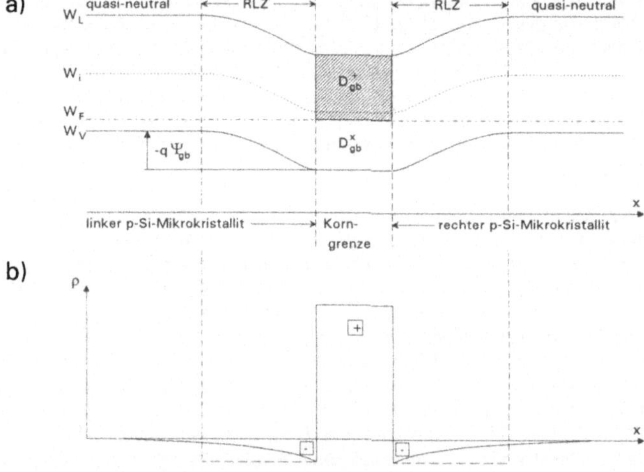

Abb. 6.6:   a.   Energiebänder-Modell einer Verarmungskorngrenze (depletion-gb) zwischen zwei p-Si-Mikrokristalliten mit gb-Donator-Zuständen und gb-Bandverbiegung Ψ_{gb},
b.   Ladungsverteilung im Bereich der Verarmungskorngrenze.

Die Tatsache, daß überwiegend Donator-Zustände in der Korngrenze vorhanden sind, erklärt sich aus dem Elektronenmangel zur Erzielung einer neutralen Phasengrenze, die durch *Elektronenpaar-Bindungen* charakterisiert ist. Die wichtigste Abhilfe zur Reduzierung von gb-Donator-Zuständen ist die Diffusion von Wasserstoff entlang der Korngrenzen und der Einbau von H-Atomen an unabgesättigten Silizium-Valenzen ("Wasserstoff-Passivierung"). So werden Elektronenpaar-Bindungen auch innerhalb der Korngrenzen-Fläche (Abb. 6.5) erzeugt.

Die schädliche Wirkung der gb-Donatoren für Solarzellen zeigt sich bei optischer Injektion. Die Fermi-Energie der Elektronen W_{Fn} spaltet sich als *Quasi-Fermi-Energie* von der der Majoritätsträger Löcher W_{F0} ab (bei Niedrig-Injektion gilt $W_{Fp} = W_{F0}$) und verschiebt sich in Richtung Leitungsbandkante. Zwischen W_{Fn} und W_{F0} laden sich die Donatoren entsprechend der Fermi-Statistik um, indem sie Elektronen einfangen. Da aber eine sehr viel höhere Dichte freier Löcher stationär vorhanden ist, leitet die Donator-Umladung mit dem Einfang eines Elektrons meist eine anschließende Rekombination ein. Im Energiebänder-Modell (Abb. 6.6) bedeutet dies, daß mit Berücksichtigung der gb-Donatoren-Ladung sich sowohl W_{Fn} als auch W_{Fp} der Mitte des Verbotenen Bandes nähern und damit die optimale Bedingung $n \approx p$ für Korngrenzen-Rekombination einstellen. Der resultierende Energiebänder-Verlauf begünstigt die Einsammlung der Minoritätsträger Elektronen aus den Randzonen der Kristallite und bewirkt dadurch die Ausbildung eines Konzentrationsgradienten in die Volumina der Kristallite hinein. Als Folge fließen zusätzliche Diffusionsströme und es verstärkt sich die Rekombinationsrate an der Korngrenze.

Quantitativ läßt sich die Korngrenzen-Rekombination analog zu einer Halbleiteroberfläche durch eine *Korngrenzen-Rekombinationsgeschwindigkeit* s_{gb} beschreiben, die einen Korngrenzen-Rekombinationsstrom j_{gb} charakterisiert, welcher wiederum durch einen Diffusionsstrom $j_{diff,n}$ von beiden Seiten der Korngrenze (also aus beiden angrenzenden Mikrokristalliten: Faktor 2 in Gl. 6.1) bedient wird

$$j_{gb} = q \cdot s_{gb} \cdot \Delta n(y_{gb})$$

$$j_{diff,n} = 2q \cdot D_n \cdot \left. \frac{\partial \Delta n}{\partial y} \right|_{y_{gb}} \tag{6.1}$$

$$j_{gb} = j_{diff,n}$$

Es soll hier unterbleiben, die Korngrenzen-Rekombinationsgeschwindiqkeit s_{gb} quantitativ auf Eigenschaften der Korngrenzen-Zustände zurückzuführen.

6.3.1. Berechnung der spektralen Überschußladungsträgerdichte

Die kolumnare Struktur der poly-Si-Solarzelle ist erforderlich, weil die zur RLZ diffundierenden Überschußladungsträger (d.h. die Elektronen im quasi-neutralen p-Bahngebiet der np-Solarzelle) auf ihrem Weg keine Korngrenzen überqueren sollen. Durch Rekombination wird dort die Überschußdichte je nach der Höhe der Korngrenzen-Rekombinationsgeschwindigkeit s_{gb} ($10 \leq s_{gb} / \mathrm{cm/s} \leq 10^6$) auf Bruchteile reduziert. Insofern gehen wir von vornherein von der kolumnaren Solarzellen-Struktur (Abb. 6.2 rechts) aus und beschreiben das Bauelement durch die Parallelschaltung von mikrokristallinen Solarzellen, deren Oberfläche parallel zur Ladungsträger-Diffusion aus zusammenhängenden Korngrenzen-Flächen gebildet wird (Abb. 6.7). Der durch die Emitterdotierung vorhandene n^+p-Übergang schneidet die Korngrenzen-Flächen senkrecht.

So entstehen miteinander verbundene RLZ-Bereiche unterschiedlicher Art:

1. Zwischen n^+-Si-Emitter und p-Si-Basis: aufgrund der Dotierungsunterschiede erstreckt sich eine sehr flache RLZ in den n^+-Emitter und eine tiefere RLZ in die p-Basis.

2. Zwischen benachbarten p-Basis-Bereichen, die durch eine Verarmungskorngrenze (engl.: depletion grain boundary) voneinander getrennt sind. In diesem Fall bestimmt die Dichte der positiv geladenen gb-Donatoren D_{gb}^+, wie weit sich eine RLZ in die p-Basis hinein ausbildet. Am rückseitigen Kontakt ist die RLZ-Weite im p-Gebiet durch die Wirksamkeit einer p^+-Diffusion als BSF-Maßnahme verengt.

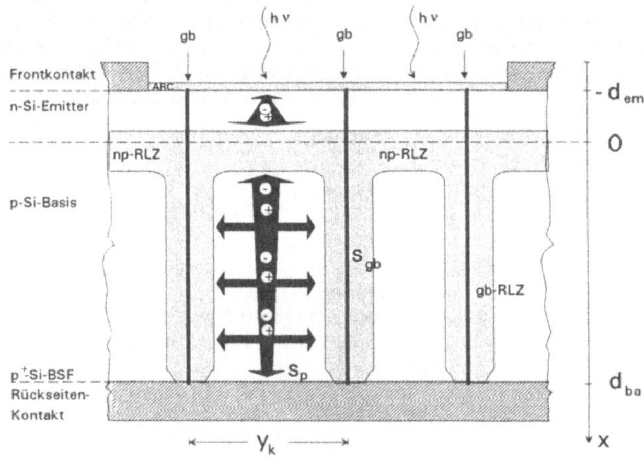

Abb. 6.7:   np-Solarzelle aus kolumnaren poly-Si-Material. Elektron-Loch-Paar-Diffusion in Basis und Emitter.

Wenn wir im p- und im n-leitenden Mikrokristalliten von Korngrenzen-Donator-Zuständen ausgehen, bildet sich lediglich im p-Basis-Bereich eine Verarmungskorngrenze, nicht aber im n-Emitter-Bereich. Während die elektrische Leitfähigkeit in beiden RLZ-Typen geringer ist als im quasi-neutralen Basis-Gebiet, sind die höher dotierten Emitterbereiche über alle mikrokristallinen Korngrenzen hinweg gut leitend miteinander verbunden. Dies ist sehr nützlich, da im Emitter der Strom über längere Strecken lateral den Kontaktstreifen zugeführt werden muß. So verbleibt als Aufgabe, die Mitwirkung der Verarmungskorngrenzen im Bereich der p-leitenden Solarzellen-Basis aus kolumnarem poly-Silizium beim Vorgang der photovoltaischen Ladungsträgertrennung zu beschreiben. Dieses Problem wird auf die Berechnung der Vorgänge in einem einzelnen Mikrokristalliten zurückgeführt.

Zur Beschreibung der Stromdichte-Spannungs-Kennlinie $j\,(U, E)$ bei konstanter Bestrahlungsstärke E wollen wir auf das Superpositionsprinzip (Gl. 4.28) zurückgreifen, das für Niedrig-Injektion gut anwendbar ist

$$j(U,E) = j_0\left(e^{U/U_T} - 1\right) - j_{phot}(E).\tag{6.2}$$

Hier sind die unabhängigen Variablen die Spannung U und die Bestrahlungsstärke E. Da uns vorrangig die photovoltaische Wirksamkeit des poly-Si-Materials interessiert, beschränken wir uns auf die Errechnung der spannungsunabhängigen Photostromdichte, die wir innerhalb der Generator-Kennlinie als (negative) Kurzschlußstromdichte $-j_k$ messen. Zunächst berechnen wir die monochromatische Photostromdichte $j_{phot}(\lambda)$.

6.3.2. Zweidimensionales Randwertproblem der Photostromdichte eines einzelnen Mikrokristalliten

Wir betrachten einen einzelnen Mikrokristalliten (einzelnes "Korn") innerhalb der np-poly-Si-Solarzelle und wählen die Geometrie der Abb. 6.7 mit der x-Achse parallel und der y-Achse senkrecht zu den kolumnaren Korngrenzen. Der Nullpunkt liegt für x auf der Mittelachse am RLZ-Rand der p-Basis, der infolge der Vereinfachung $w_p\rightarrow 0$ mit dem Ort des metallurgischen np-Überganges zusammenfällt. Positive x-Werte wachsen nach unten (in Richtung der p-Basis). Für y liegt der Nullpunkt in der Mittelachse des symmetrisch angenommenen Mikrokristalliten, positive y-Werte nach rechts anwachsend. Wir nehmen bei der nachfolgenden Behandlung die bekannten, bereits in Kapitel 4 benutzten Vereinfachungen im Sinne des SHOCKLEY-Modelles an: 1. Niedrig-Injektion, 2. Quasi-Neutralität und zusätzlich 3. eine quantitative Beteiligung der Korngrenzen durch die Korngrenzen-Rekombinationsgeschwindigkeit s_{gb} über zwei Randbedingungen (RB3 und RB4).

So entsteht entsprechend Kapitel 4.2.1 aus dem Diffusionsanteil der zweidimensionalen Elektronen-Stromdichte und der stationären zweidimensionalen Elektronenbilanz

$$\vec{j}_n(x,y,\lambda) = + q\,D_n \cdot grad\,n(\lambda)$$

$$0 = + \frac{1}{q} \cdot div\,\vec{j}_n(x,y,\lambda) + G(x,\lambda) - \frac{\Delta n(x,y,\lambda)}{\tau_n}$$

$$\text{mit } G(x,\lambda) = G_0(\lambda) \cdot e^{-\alpha(\lambda)(x+d_{em})}$$

$$\text{und } G_0(\lambda) = \left[1 - R(\lambda)\right] \cdot \alpha(\lambda) \cdot \Phi_{p,0}(\lambda)\, /\, A$$

(6.3)

die zweidimensionale Diffusions-Differentialgleichung der Elektronen-Überschuß-konzentration Δn in der p-leitenden Basis des Mikrokristalliten

$$\frac{\partial^2 \Delta n}{\partial x^2} + \frac{\partial^2 \Delta n}{\partial y^2} - \frac{\Delta n}{L_n^2} = -\frac{G_0(\lambda)}{D_n} \cdot e^{-\alpha(\lambda)\left(x + d_{em}\right)} \;,$$

worin $\Delta n = \Delta n(x,y,\lambda) = n(x,y,\lambda) - n_p$

und $L_n^2 = D_n \cdot \tau_n$.

(6.4)

Zur Lösung dieser inhomogenen partiellen Differentialgleichung 2. Ordnung mit den Variablen x und y werden vier Randbedingungen benötigt (Abb. 6.8):

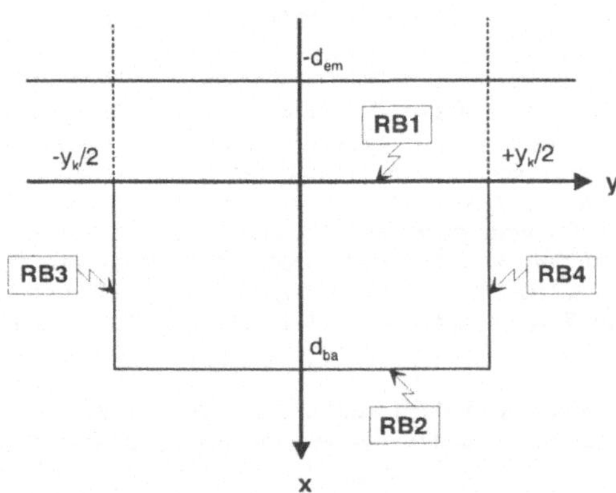

Abb. 6.8:   Randbedingungen des Randwertproblems und örtliche Zuordnung.

RB1: $\Delta n\,(x{=}0,\,y) = 0,$ Kurzschlußbedingung am RLZ-Rand bei $x = 0$,

RB2: $\Delta n\,(x{=}d_{ba},\,y) = 0,$ Ohmscher Rückseitenkontakt bei $x = d_{ba}$,

$$\text{RB3:}\quad +q\,D_n \cdot \left.\frac{\partial \Delta n}{\partial x}\right|_{y=-1/2\,y_k} = +\frac{1}{2}q\,s_{gb}\,\Delta n \;,\;\text{Korngrenze bei } y = -\tfrac{1}{2}\,y_k \;\text{ und}$$

$$\text{RB4:}\quad +q\,D_n \cdot \left.\frac{\partial \Delta n}{\partial x}\right|_{y=+1/2\,y_k} = -\frac{1}{2}q\,s_{gb}\,\Delta n \;,\;\text{Korngrenze bei } y = +\tfrac{1}{2}\,y_k \;.$$

$$(6.5)$$

Zunächst macht man für den homogenen Teil der Differentialgleichung (d.h. den Teil links vom Gleichheitszeichen) einen Separationsansatz nach BERNOULLI

$$\Delta n = \Delta n(x,y,\lambda) = X(x,\lambda) \cdot Y(y,\lambda) \;. \tag{6.6}$$

Einsetzen in den homogenen Teil von Gl. 6.4 ergibt

$$\frac{\partial^2 X}{\partial x^2}\cdot Y + \frac{\partial^2 Y}{\partial y^2}\cdot X - \frac{XY}{L_n^2} = 0$$

$$\frac{1}{X}\frac{\partial^2 X}{\partial x^2} + \frac{1}{Y}\frac{\partial^2 Y}{\partial y^2} - \frac{1}{L_n^2} = 0 \tag{6.7}$$

Es muß wegen der Unabhängigkeit der beiden Teilfunktionen voneinander ihre Gleichheit mit der Konstanten c^2 gelten

$$\frac{1}{X}\frac{\partial^2 X}{\partial x^2} - \frac{1}{L_n^2} = -\frac{1}{Y}\frac{\partial^2 Y}{\partial y^2} = c^2 \;, \tag{6.8}$$

so daß zwei gewöhnliche Differentialgleichungen 2. Ordnung entstehen

$$\frac{\partial^2 X}{\partial x^2} - c'^2 \cdot X = 0 \qquad \text{mit}\quad c'^2 = \left(\frac{1}{L_n^2} + c^2\right) \qquad \text{für}\quad 0 \le x \le d_{ba} \tag{6.9}$$

$$\text{und}\quad \frac{\partial^2 Y}{\partial y^2} + c^2 \cdot Y = 0 \qquad \text{für}\quad -\tfrac{1}{2}\,y_k \le y \le \tfrac{1}{2}\,y_k \;. \tag{6.10}$$

Diese beiden Differentialgleichungen beschreiben zwei Eigenwertprobleme in den angegebenen Intervallen der Variablen x und y. Es handelt sich dabei um jeweils eine vom Parameter c bzw. c' abhängige Schar homogener Randwertprobleme. Diejenigen Werte c und c' sind zu bestimmen, für die das Randwertproblem nicht-triviale Lösungen, die Eigenwerte c_v und c'_v, aufweist.

Aus der Theorie der Eigenwertprobleme läßt sich zeigen, daß nicht-triviale Lösungen nur für $c^2 > 0$ und $c'^2 > 0$ existieren. Dafür gelten die entsprechenden Lösungsansätze

$$X(x) = A e^{+c' \cdot x} + B e^{-c' \cdot x} \; , \tag{6.11}$$

$$Y(y) = C \cos(c\,y) + D \sin(c\,y) \; . \tag{6.12}$$

Der Sinusterm im Ansatz 6.12 würde bei $\pm 1/2\, y_k$ der Symmetrie des Problems bezüglich der y-Achse nicht Rechnung tragen, insofern gilt D = 0. Zur Bestimmung der Eigenwerte werden die RB3 und RB4 herangezogen und die transzendente Gleichung 6.13 formuliert

$$\left. \frac{\partial Y}{\partial y}\right|_{y=\pm 1/2 y_k} = \mp C c_v \sin(1/2 c_v\, y_k)$$

$$\pm D_n C c_v \sin(1/2 c_v\, y_k) = \pm 1/2 s_{gb} C \cos(1/2 c_v\, y_k) \tag{6.13}$$

$$\frac{2 D_n c_v}{s_{gb}} = \cot(1/2 c_v\, y_k) \quad \text{mit } v \in \mathbb{N} .$$

Für die Eigenwerte c_v und die angegebenen numerischen Werte gibt die Abb. 6.9 die graphische Lösung der Gl. 6.13 an. Man erkennt, daß die höheren Eigenwerte c_v sich immer besser durch die Werte annähern lassen

$$c_v \approx \frac{2\pi}{y_k} \cdot (v-1) \; \text{mit } v > v_{grenz} = f(s_{gb}). \tag{6.14}$$

Für geringe Werte s_{gb} gilt diese Näherung besser als für hohe Werte, da die Korngrenzen-Rekombinationsgeschwindigkeit die Steigung der Geraden in Abb. 6.9 bestimmt. Durch die Eigenwerte c_v in y-Richtung sind auch die Eigenwerte c'_v in x-Richtung entsprechend Gl. 6.9 festgelegt (L_v = eff. Diffusionslänge beim Eigenwert v)

$$c'^2_v = \left(\frac{1}{L_n^2} + c_v^2 \right) \equiv \frac{1}{L_v^2} \; , \tag{6.15}$$

$$X(x) = A e^{+c'_v \cdot x} + B e^{-c'_v \cdot x} \; . \tag{6.16}$$

Mit Hilfe einer partikulären Lösung wird der inhomogene Term in den Ansatz mit einbezogen (siehe Kapitel 4.2.1). Die Konstanten A und B werden durch die Methode der Variation der Konstanten an die beiden restlichen Randbedingungen angepaßt. Wegen der Linearität der Diffusionsgleichung (Gl. 6.4) ist jede endliche Linearkombination von Lösungen wieder eine Lösung. So ergibt sich nach Zwischenrechnungen schließlich die Form

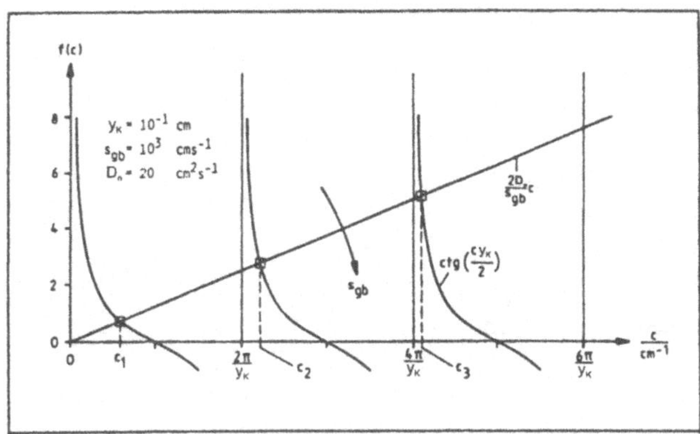

Abb. 6.9:   Graphische Lösung der transzendenten Eigenwertgleichung Gl. 6.13.

$$\Delta n(x,y,\lambda) = \sum_{v=1}^{\infty} n_v(x,y,\lambda)$$

$$= \sum_{v=1}^{\infty} \left[C_v \cdot \cos(c_v y) \cdot \left(A_v \cdot e^{+c'_v x} + B_v \cdot e^{-c'_v x} \right) \right]$$

(6.17)

und die allgemeine Lösung in orthogonalen Eigenfunktionen $\cos(c_v \cdot y)$ in y-Richtung mit der Eigenfunktion $f_v(x, y, \lambda)$ nach der Bestimmung von A_v und B_v

$$\Delta n(x,y,\lambda) = G_0(\lambda) \cdot \sum_{v=1}^{\infty} f_v(x,y,\lambda) \cdot \cos(c_v y)$$

$$\text{mit} \quad f_v(x,y,\lambda) = \frac{s_{gb}}{D_n^2} \frac{L_v^2}{c_v^2 \left(1 - L_n^2 \cdot \alpha^2(\lambda)\right)} \cdot \left(\left[\frac{c_v y_k}{\sin(c_v y_k)} + 1 \right] \cdot \sin(1/2\, c_v y_k) \right)^{-1}$$

$$\cdot \left(e^{-\alpha(\lambda)\cdot x} - e^{\alpha(\lambda)\cdot d_{ba}} \cdot \frac{\sinh\left((x + d_{em})/L_v\right)}{\sinh\left((d_{em} - d_{ba})/L_v\right)} + e^{\alpha(\lambda)\cdot d_{em}} \cdot \frac{\sinh\left((x + d_{ba})/L_v\right)}{\sinh\left((d_{em} - d_{ba})/L_v\right)} \right)$$

(6.18)

sowie $\dfrac{1}{L_v^2} = \dfrac{1}{L_n^2} + c_v^2$ $\qquad$ mit $L_n^2 = D_n\,\tau_n$ $\qquad$ und $G_0(\lambda) = \left(1 - R(\lambda)\right) \cdot \alpha(\lambda)\,\phi_{p,0}(\lambda)/A$.

Die x-Abhängigkeit steckt in der dritten Zeile von Gl. 6.18 an drei Stellen, die denen der eindimensionalen Lösung von Gl. A2.11 entsprechen. Die Volumendiffusionslänge L_n ist stets größer als die neu definierte effektive Diffusionslänge L_v. Numerisch konvergiert die Lösung so gut, daß in den meisten Fällen lediglich bis zur Laufzahl $v = 10$ summiert werden muß. Die vier Darstellungen der zweidimensionalen Verteilung der monochromatischen Überschußelektronenkonzentration $\Delta n(x, y, \lambda)$ innerhalb der p-leitenden Basis des np-Mikrokristalliten (Abb. 6.10) zeigen die Einflüsse der Korngrenzen-Rekombination $(s_{gb} = 10^4\,\text{cm/s})$ für unterschiedliche Wellenlängen optischer Anregung bei gleichbleibender monochromatischer Strahlungsleistungsdichte $E(\lambda) = 100\,\text{mW/cm}^2$. Neben der Ausbildung des Maximums längs der x-Achse (für blaues Licht näher an der RLZ als für infrarotes Licht) erkennt man die Absenkung zu beiden Korngrenzen hin.

6.4. Bewertung von spektraler Empfindlichkeit und Photostromdichte

Die spektrale Empfindlichkeit der Solarzellen-Basis läßt sich entsprechend der Definition Gl. 4.22 mit Gl. 6.18 errechnen. Hierbei wird wieder angenommen, daß die gesamte Basis aus parallel geschalteten kolumnaren Mikrokristalliten besteht, deren Diffusionsstrom über die Körnerbreite y_k gemittelt wird

$$S_{Basis}(\lambda) = \frac{j_{phot,Basis}(\lambda)}{E_0(\lambda)} \qquad \text{mit } j_{phot,Basis}(\lambda) = \frac{1}{y_k} \cdot \int_{-y_k/2}^{y_k/2} q \cdot D_n \cdot \left.\frac{\partial \Delta n}{\partial x}\right|_{x=0} dy \ . \tag{6.19}$$

Man erhält als Zwischenergebnis

$$j_{phot}(\lambda) = \sum_{v=1}^{\infty} j_{phot,v}(\lambda)$$

$$\text{mit } j_{phot,v}(\lambda) = \frac{1}{y_k} G_0(\lambda) \frac{s_{gb}}{D_n} \frac{2 L_v^2}{c_v^2 \left(1 - L_n^2\,\alpha^2(\lambda)\right)} \left\{ \frac{c_v\,y_k}{\sin(c_v\,y_k)} + 1 \right\}^{-1} . \tag{6.20}$$

$$\left\{ \frac{e^{\alpha(\lambda)d_{em}}}{L_v \tanh\left(\frac{d_{em}-d_{ba}}{L_v}\right)} - \frac{e^{\alpha(\lambda)d_{ba}}}{L_v \sinh\left(\frac{d_{em}-d_{ba}}{L_v}\right)} - \alpha(\lambda)e^{\alpha(\lambda)d_{em}} \right\}$$

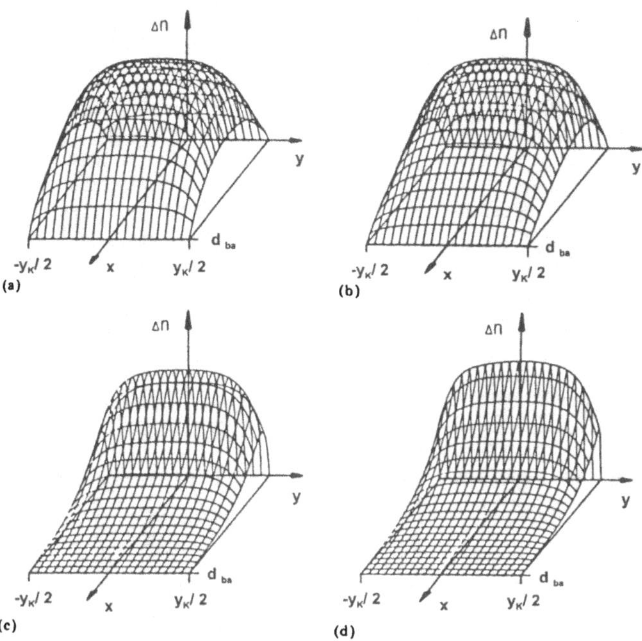

Abb. 6.10:   Monochromatische Minoritätsträgerprofile in der p-leitenden Basis einer Solarzelle aus einem einzelnen Mikrokristalliten im poly-Si-Material für den Kurzschlußfall bei monochromatischer Beleuchtung (a: $\lambda = 1100$ nm, b: $\lambda = 1050$ nm, c: $\lambda = 820$ nm, d: $\lambda = 520$ nm) /6.1/.

Wichtig ist daß für $s_{gb} \rightarrow 0$, $d_{em} \rightarrow 0$ und $d_{ba} \rightarrow -\infty$ der umfangreiche Ausdruck der zweidimensionalen Beschreibung Gl. 6.20 in denjenigen der eindimensionalen Beschreibung Gl. 4.9 übergeht

$$j_{phot}(\lambda, s_{gb} \rightarrow 0, d_{em} \rightarrow 0, d_{ba} \rightarrow -\infty) = \frac{q \cdot \Phi_{p0}(\lambda)}{A} \cdot \frac{\alpha(\lambda)L_n}{1 + \alpha(\lambda)L_n} . \tag{6.21}$$

(Anmerkung: die Eigenwerte c_v und die effektive Diffusionslänge L_v sind Funktionen von s_{gb} entsprechend Gl. 6.13 und 6.18, insofern verschwindet Gl. 6.20 nicht bei $s_{gb} \rightarrow 0$!)

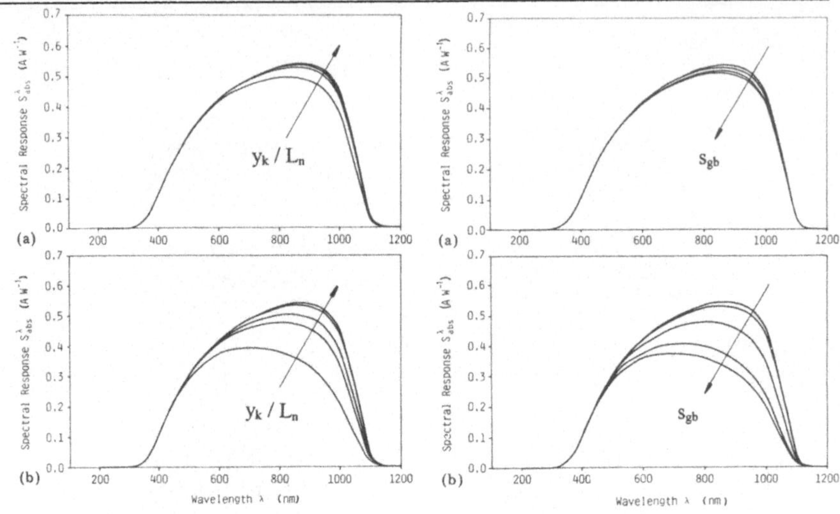

Abb. 6.11:   Spektrale Empfindlichkeit $S_{Basis}(\lambda)$ eines Mikrokristalliten aus poly-Si-Material. Erklärungen im Text.

Die Abb. 6.11 zeigt errechnete Verläufe der spektralen Empfindlichkeit $S(\lambda)$, <u>links</u> für Werte 0; 0,2; 1,0; 2,0 und ∞ des Verhältnisses von Körnerbreite y_k zur Elektronendiffusionslänge L_n (oben für $s_{gb} = 10^3$cm/s, unten für $s_{gb} = 10^4$cm/s), <u>rechts</u> für Werte 0; 10^4; 10^5, 10^6 cm/s der Korngrenzen-Rekombinations-geschwindigkeiten s_{gb} (oben für $y_k/L_n = 10$, unten für $y_k/L_n = 1$). Mit dem AMx-Sonnenspektrum läßt sich die *integrale Photostromdichte* (aus dem Basisbereich) errechnen (s. auch Kap. 4.3)

$$j_{phot}(AMx) = \int\limits_{AMx} S(\lambda)E_\lambda(\lambda)\,d\lambda, \tag{6.22}$$

ebenso die *integrale AMx-Empfindlichkeit* der betrachteten Solarzelle

$$S(AMx) = j_{phot}(AMx)/E(AMx). \tag{6.23}$$

Diese Rechnungen können wegen des nicht geschlossen vorliegenden Verlaufes der Sonnenspektren $E(AMx)$ nur numerisch durchgeführt werden. Die Auswirkungen der Korngrenzen-Aktivität auf die integrale AMx-Empfindlichkeit $S(AMx)$ von kolumnaren np-poly-Si-Solarzellen sollen anhand der Abb. 6.12 gezeigt werden, in der über der Korngrenzen-Rekombinationsgeschwindigkeit s_{gb} unterschiedliche $S(AMx)$-Verläufe aufgetragen sind: einmal für Material mit groben (durchgezogen) und einmal mit feinen (gestrichelt) kolumnaren Körnern. Bei groben Körnern wird die Empfindlichkeit nur gering reduziert, falls die Korngrenzen-Rekombination hoch ist; bei feinen Körnern kann sie jedoch sehr stark absinken, wenn s_{gb} hohe Werte annimmt.

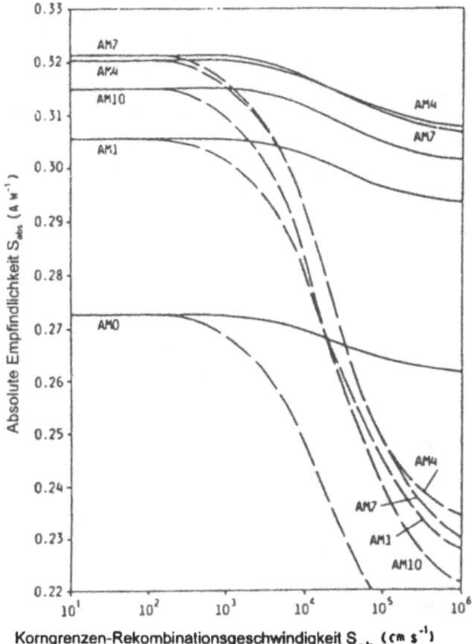

Abb. 6.12: Absolute Empfindlichkeit von Mikrokristallit-Solarzellen im poly-Silizium in Abhängigkeit von der Korngrenzen-Rekombinationsgeschwindigkeit für unterschiedliche Sonnenspektren AMx. Große Körner: durchgezogene Linie, kleine Körner gestrichelte Linie /6.1/.

Aus Abb. 6.11 und 6.12 kann gefolgert werden, daß das Maß der Passivierung (z.B. durch H_2-Behandlung) der Korngrenze und der Minoritätsträger-Diffusionslänge angepaßt sein sollte. Da wir aus Abschn. 4.2.4 wissen, daß die Minoritätsträger-Diffusionslänge so groß wie möglich sein sollte, um einen hohen Photostrom zu gewährleisten (also z.B. $L_n > 200$ µm), muß der Solarzellenhersteller entweder genügend grobkörniges poly-Silizium verwenden (SILSO-Material: $y_k \approx 2...8$ mm) oder aber die Korngrenzen-Rekombination herabsetzen ($s_{gb} < 10^3$ cm/s). In der Praxis bemüht man sich erfolgreich um beide Aspekte, so daß der Wirkungsgrad von poly-Si-Solarzellen z.T. nur wenig (2...4% (absolut) bei Industrieprodukten) unter demjenigen monokristalliner c-Si-Solarzellen liegt.

6.5. Präparation

Ausgangsmaterial:	kolumnar-erstarrter Gußblock $(40 \times 40 \times 20 \text{ cm}^3)$, Handelsnamen: SILSO, SEMIX, ReSitAl, 0,5...5 Ωcm, p-leitend (Bor), SoGS-Qualität.
1. Sägen:	Gattersägen mit Drähten für ca. 10...20 Scheiben gleichzeitig, Scheibendicke 300...450 µm bei $10 \times 10 \text{ cm}^2$ Wafern.
2. Reinigen:	Ätzen in KOH.
3. Emitter-Diffusion:	Siebdruck-Belegung einer Phosphor-Emulsion, Diffusion im Durchlauf-Ofen (Diffusionstiefe 0,3...0,5 µm).
4. Korngrenzen-Passivierung:	Behandlung der Scheiben bei $T = 300\,°C$ im Wasserstoffplasma (1 h).
5. Metallisierungen:	Siebdruck-Belegung (Rückseite Ag/Al-Paste, Vorderseite Ag-Paste) und Einsintern im Durchlauf-Ofen.
6. Optische Vergütungsschicht:	Siebdruck-Belegung einer TiO_x-Emulsion und Einsintern.
7. Testen und Zellenauswahl:	Klassifizierung nach I(U)-Kennlinie am Solarsimulator (AM1,5).
8. String- und Modulaufbau:	Verbindung der klassifizierten Solarzellen zu Strings (I_K), der Strings zu Modulen (U_L) durch aufgelötete Verbinder.
Produkt:	Module aus n^+p-poly-Si-Solarzellen mit einer Diffusionslänge $L_n > 100$ µm bei der Zellendicke $d_{SZ} > 300$ µm, Wirkungsgrad $\eta_{AM1,5}(T = 25\,°C) = 11\text{-}12\%$, Standardmodule mit Leistungen von 20 W_p, 30 W_p, 40 W_p (W_p = "peak watt": Leistung bei optimaler Leistungsanpassung und AM1,5-Bestrahlung).

1.   Bemerkungen zu den *Siebdruckverfahren* der Schritte 3, 5 und 6:

Siebdruckverfahren bringen dünne Schichten in Pastenform auf die poly-Si-Wafer auf und härten sie im Durchlaufofen aus (Abb. 6.13). Sie ersetzen die diskontinuierlichen Verfahren des Aufdampfens von dünnen Schichten im Vakuum durch die kontinuierlich ablaufenden Verfahren des Einsinterns (bei 650...750 °C) unter Schutzgas (Stickstoff N_2 mit 3% Sauerstoff O_2). Beim Siebdruckverfahren wurden teure und aufwendige Arbeitsmaterialien wie das Kontaktsilber durch Al-Ag-Kombinationen ersetzt, Pd- und Ti-Anteile völlig vermieden. Ein besonders kritischer Prozeßschritt ist das Aufbringen der optischen Vergütungsschicht (ARC-Schicht, s. Abb. 6.14).

2.   Bemerkung zu der *Korngrenzen-Passivierung* in Schritt 4

Die Korngrenzen sind Flächen erhöhter Oberflächenrekombination durch die Wirksamkeit von unabgesättigten Silizium-Valenzen. Das beschriebene Verfahren der Wasserstoffbehandlung diffundiert die gut beweglichen H-Atome in den Korngrenzen und führt sie an die Plätze unabgesättigter Si-Valenzen, mit denen das einzelne H-Atom eine kovalente Bindung eingehen kann, die die Korngrenzen-Rekombination erniedrigt, jedoch nicht vollständig unterdrückt.

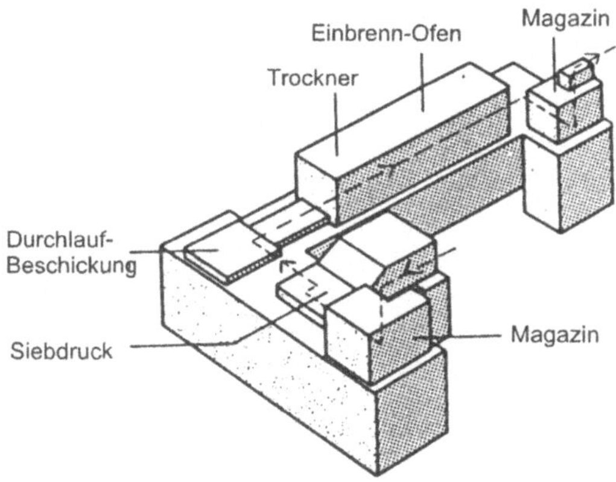

Abb. 6.13:   Siebdruckverfahren für Solarzellen. Aus Magazinen werden Scheiben in der Siebdruck-Einheit beschichtet, dann die aufgebrachten Pasten im Trockner und Einbrennofen verfestigt (nach Rasch /6.2/).

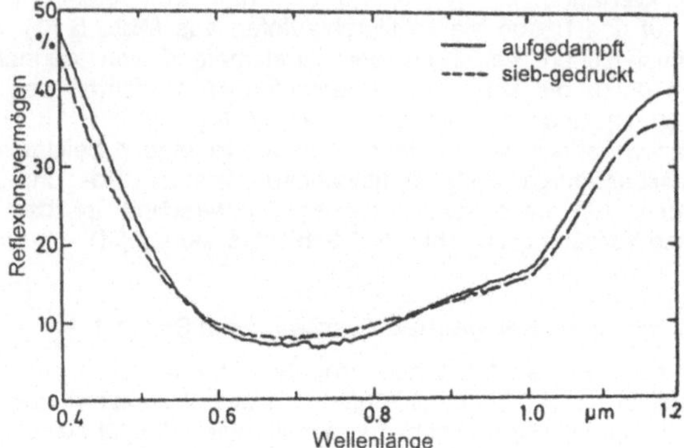

Abb. 6.14:   Vergleich einer aufgedampften und einer siebgedruckten ARC-Schicht auf einer poly-Si-Solarzelle (nach Rasch /6.2/).

7. Galliumarsenid-Solarzellen

7.1. Vergleich der Solarzellenmaterialien Silizium und Galliumarsenid

Das im Kap. 4 entwickelte Grundmodell der Solarzellen ist auch auf kristallines Galliumarsenid (GaAs) anwendbar, wenn bestimmte Eigenschaften, die von denen des kristallinen Siliziums abweichen, berücksichtigt werden. Nahezu alle diese abweichenden Eigenschaften lassen sich von einem grundlegenden Unterschied zwischen Si und GaAs ableiten: GaAs ist ein *direktes*, Si dagegen *indirektes Halbleitermaterial* (s. Abb. 3.2). Daraufhin verläuft der Absorptionskoeffizient $\alpha(\lambda)$ des GaAs über der Wellenlänge sehr viel steiler als beim c-Si. Während der Anstieg zwischen Bandkanten-Wellenlänge (Beginn der Volumenabsorption mit $\alpha = 10\ \mathrm{cm}^{-1}$) und dem Wert $\alpha = 10^4\ \mathrm{cm}^{-1}$ (Oberflächenabsorption mit der Lichteindringtiefe $\alpha^{-1} = 1\ \mu\mathrm{m}$) für Silizium im Intervall $1,1\ \mu\mathrm{m} > \lambda > 0,50\ \mu\mathrm{m}$ liegt, so gilt beim GaAs entsprechend $0,88\ \mu\mathrm{m} > \lambda > 0,78\ \mu\mathrm{m}$. Im Bereich des Maximums des terrestrischen Standardspektrums AM1,5 bei $\lambda_{\mathrm{max}} \approx 480\ \mathrm{nm}$ ist der Absorptionskoeffizient des GaAs um eine Größenordnung größer als der des Si. Zusammengefaßt bedeutet dies, daß man beim Silizium mehr als um den Faktor 10 dickere Materialschichten benötigt, um einen vergleichbaren Anteil der solaren Strahlungsleistung zu absorbieren wie in GaAs. Vergleichbare Dicken sind beim Silizium $20...50\ \mu\mathrm{m}$ und beim GaAs $1...3\ \mu\mathrm{m}$.

Daraus geht hervor, daß im Silizium fern vom np-Übergang erzeugte Elektron-Loch-Paare herandiffundieren müssen, um im Feldgebiet des np-Überganges getrennt zu werden. Dabei kommt es vor allem auf die (Volumen-)Diffusionslänge der Minoritätsträger (d.h. der Elektronen in der p-Basis) an. Sie sollte mindestens der Basistiefe vergleichbar sein: $L_n \approx d_{SZ}$ (s. Kap. 4.2.4). In GaAs hingegen entstehen die Elektron-Loch-Paare oberflächennah und werden dort erfolgreich getrennt, wenn sie nicht zuvor an der Halbleiteroberfläche rekombinieren. Beim GaAs kommt es also stärker auf den Wert der _Oberflächenrekombinationsgeschwindigkeit_ (ORG) an, deren Einfluß im Emitter der np-Si-Solarzelle (s. Abb. 5.2, rechts oben) sich für Werte $s > 10^4\ \mathrm{cm/s}$ deutlich abzeichnet. Die Rekombinationsverluste durch schlecht passivierte Oberflächen sind in GaAs-Solarzellen deutlich größer.

7.2. Konzept der GaAs-Solarzelle mit AlGaAs-Fensterschicht

Wegen des sehr großen Absorptionskoeffizienten muß die GaAs-Oberfläche sorgfältig passiviert werden, um die Oberflächenrekombination zu reduzieren. Die Erfahrung zeigt, daß ohne Passivierungsmaßnahmen für die ORG $s > 10^5\ \mathrm{cm/s}$ gilt. Eine entsprechend gute Oberflächenpassivierung, wie sie für Si durch eine SiO_2-Schicht erreicht wird, erzielt man beim GaAs durch Aufbringen einer gitterangepaßten transparenten *Fensterschicht* aus dem ternären Halbleitermaterial AlGaAs auf das GaAs-Substrat. Gitterangepaßt bedeutet, daß die Fensterschicht das Kristallgitter des GaAs mit annähernd konstanter Gitterkonstante periodisch nach außen hin fortsetzt. Nach erfolgreicher Passivierung der Oberfläche ($s < 10^4\ \mathrm{cm/s}$) sollte ein pn-Bauelement eine wirkungsvolle Solarzelle ergeben, weil die mit höheren Werten für den Diffusionskoeffizienten D_n bzw. die

Beweglichkeit μ_n ausgestatteten Elektronen als Minoritätsladungsträger im Emitter den photovoltaischen Ablauf dominieren. Da aber der Unterschied zwischen $\mu_n > \mu_p$ für GaAs größer als eine Dekade ist (s. Abb. 7.2), bleibt zunächst offen, ob nicht bei entsprechender Wahl von Geometrie und Dotierungen auch das komplementäre np-Bauelement einen guten Wirkungsgrad verspricht. Die Entscheidung fällt unter dem Gesichtspunkt der Technologie für die pn-GaAs-Solarzelle mit AlGaAs-Fensterschicht (Abb. 7.1), wie wir später sehen werden.

Wir beschreiben in unserem pn-Modell eine GaAs-Solarzelle mit p-Emitter und n-Basis unter einer $Al_xGa_{1-x}As$-Passivierungsschicht (mit dem Aluminium-Anteil x und dem Gallium-Anteil (1-x) an den 3-wertigen Atomen innerhalb der Verbindung mit dem 5-wertigen Arsen) und unter einer brechzahlangepaßten Antireflexionsschicht (ARC) aus dem leicht verfügbaren SiO_2 oder aus dem wegen seiner höheren Brechzahl besser geeigneten Si_3N_4. Wir vergleichen sie mit dem komplementären np-Modell.

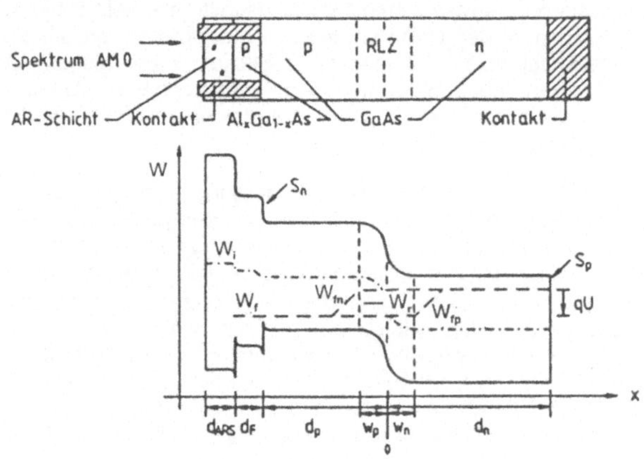

Abb. 7.1: Modell einer pn-GaAs-Solarzelle unter einer $Al_xGa_{1-x}As$-Fensterschicht mit ARC-Vergütung.

7.3. Modellrechnung zur AlGaAs/GaAs-Solarzelle

Für die Modellrechnung können wir sämtliche Gleichungen des Kapitel 4 verwenden, mit einer Erweiterung, die beim GaAs vor allem im Hinblick auf die Dunkelkennlinie eine Rolle spielt, der *Raumladungszonenrekombination*. Der Bandabstand von GaAs (ΔW_{GaAs} = 1,42 eV) liegt deutlich höher als der des Si (ΔW_{Si} = 1,1 eV). Folglich stehen im eigenleitendem (undotierten) GaAs sehr viel weniger freie Ladungsträger zur Verfügung, was sich im Wert der Eigenleitungsdichte n_i ausdrückt

$$n_i = \sqrt{N_V N_L} \cdot e^{-\frac{\Delta W}{2 \cdot kT}} \ . \tag{7.1}$$

Verstärkend wirken die gegenüber Silizium geringeren effektiven Zustandsdichten im Leitungs- und Valenzband $N_{L,V}$ ($N_{L,GaAs}$ = 4,7·10^{17} cm^{-3}; $N_{V,GaAs}$ = 7,0·10^{18} cm^{-3}). Für Zimmertemperatur (T = 300 K) gelten die Zahlenwerte $n_{i,GaAs}$ = 1,79·10^6 cm^{-3} und $n_{i,Si}$ = 1,0·10^{10} cm^{-3}. Dies hat zur Folge, daß in GaAs die Bedeutung des zu n_i^2 proportionalen Sperrsättigungsstromes j_0 nach SHOCKLEY (Gl. 4.19) gegenüber anderen Strommechanismen zurückgeht. Nunmehr darf der Stromfluß durch Rekombination in der Raumladungszone nicht mehr vernachlässigt werden, da dieser nur linear von n_i abhängt

$$j_{RLZ}(U) = \frac{q \cdot n_i}{2\,\tau_{eff}}\, w_{RLZ}(U) \cdot \frac{U_T}{U_D - U} \cdot e^{U/2U_T} \cdot \frac{\pi}{2} \ \text{ mit } \ w_{RLZ}(U) = \sqrt{\frac{2\,\varepsilon_0\varepsilon_{GaAs}}{q}\left(\frac{1}{N_D} + \frac{1}{N_A}\right)(U_D - U)}$$

für $0 < U < U_D$, wobei ε_{GaAs} = 13,1.

$$(7.2)$$

Dieser Stromanteil macht sich durch seinen geringeren Anstieg in der halblogarithmischen Darstellung der Strom-Spannungs-Kennlinie bemerkbar

$$\log(j_{RLZ}(U)) \sim \frac{U}{2U_T}, \qquad (7.3)$$

wenn man von anderen unerheblichen Spannungseinflüssen in w_{RLZ} absieht. Eine Folge des zusätzlichen Rekombinationsstromes ist eine (geringfügige) Verringerung des Füllfaktors und der Leerlaufspannung von Solarzellen mit hohem Bandabstand.

Vorgaben für ein Rechenmodell sind als elektrische Parameter die Abhängigkeit der Beweglichkeiten und der Diffusionslängen von der Dotierung (Abb. 7.2/7.3). Die Brechungsindizes n und Extinktionskoeffizienten κ des betrachteten Materialsystems (Abb. 7.4) charakterisieren innerhalb der komplexen Brechzahl

$$N(\lambda) = n(\lambda) - i \cdot \kappa(\lambda) \qquad (7.4)$$

Brechung und Absorption monochromatischer Strahlung. Dabei ist κ über den Zusammenhang

$$\alpha = \frac{4\pi \cdot \kappa}{\lambda} \qquad (7.5))$$

mit dem Absorptionskoeffizienten verbunden. Der Absorptionskoeffizient ist über das Quadrat der elektrischen Feldstärke, d.h. durch die innerhalb absorbierender Materie von der Oberfläche ins Innere abnehmende Strahlungsleistungsdichte definiert

$$\mathbf{E}(x,t) = \mathbf{E}_0 \cdot e^{i(\omega t - k \cdot x)} = \mathbf{E}_0 \cdot e^{i(\omega t - N \cdot k_0 \cdot x)}$$

$$\mathbf{E}^2(x,t) = \mathbf{E}_0^2 \cdot e^{2i(\omega t - n \cdot k_0 \cdot x)} \cdot e^{-2 \cdot \kappa \cdot k_0 \cdot x} \qquad (7.6)$$

$$= \mathbf{P}_0 \cdot e^{2i(\omega t - n \cdot k_0 \cdot x)} \cdot e^{-\alpha \cdot x}$$

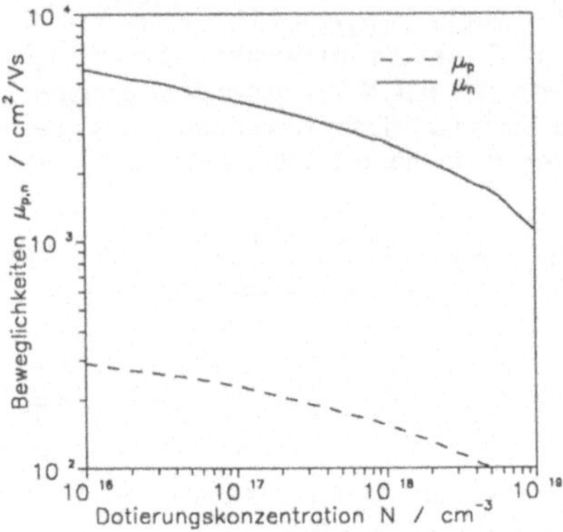

Abb. 7.2:   Driftbeweglichkeit der Elektronen und Löcher in GaAs /7.1/.

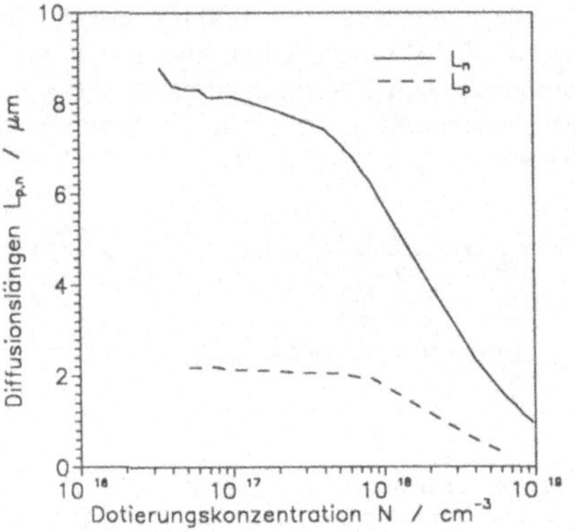

Abb. 7.3:   Diffusionslänge der Elektronen und Löcher in GaAs /7.2/.

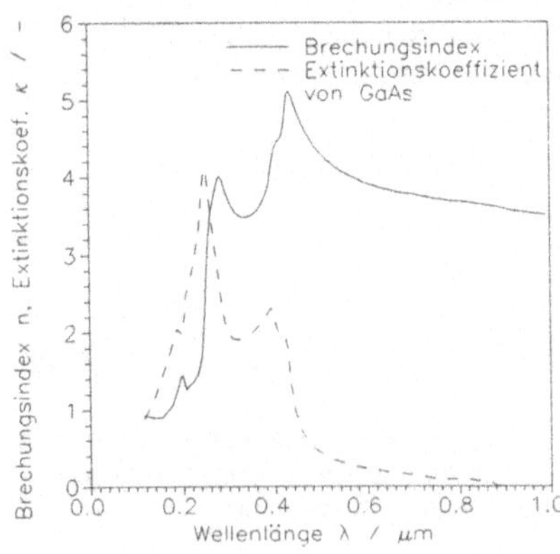

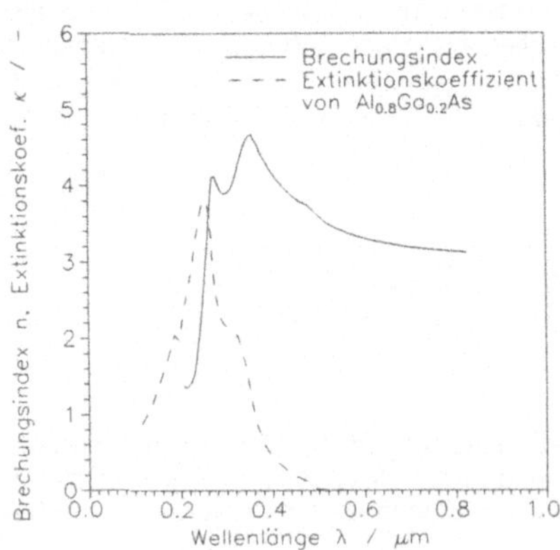

Abb. 7.4:   Brechungsindex und Extinktionskoeffizient von GaAs /7.3/.

Abb. 7.5:   Brechungsindex und Extinktionskoeffizient von $Al_{0,8}Ga_{0,2}As$ /7.4/.

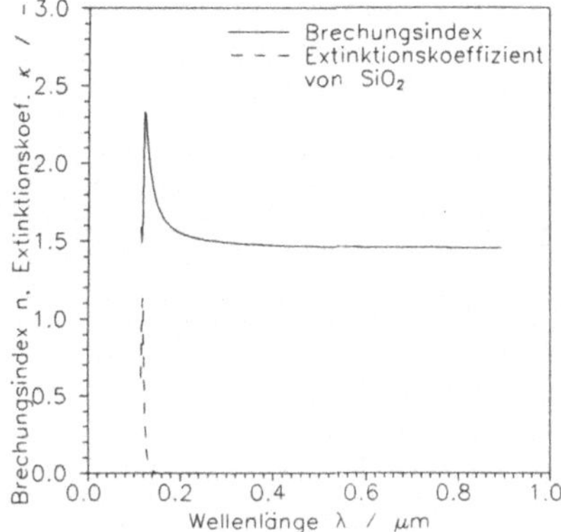

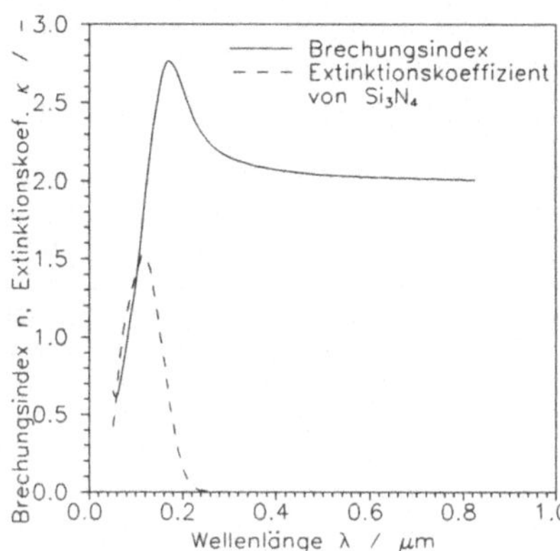

Abb. 7.6:   Brechungsindex und Extinktionskoeffizient von SiO_2 /7.3/.

Abb. 7.7:   Brechungsindex und Extinktionskoeffizient von Si_3N_4 /7.3/.

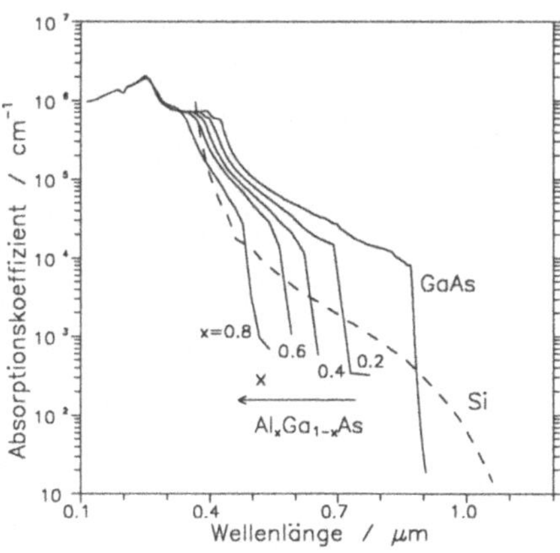

Abb. 7.8:   Absorptionskoeffizienten des ternären Kristallsystems $Al_xGa_{1-x}As$ sowie von GaAs und Si zum Vergleich.

Für die $Al_xGa_{1-x}As$-Fensterschicht muß der x-Anteil in Rechnung gesetzt werden. Beim Absorptionskoeffizienten α (Abb. 7.8) bemerkt man den Übergang vom direkten Halbleiter GaAs zum indirekten AlAs bei $x \approx 0.45$. Für n und κ bei $x = 0,8$ zeigt Abb. 7.5 die Verhältnisse. Schließlich zeigen Abb. 7.6 und 7.7 Brechungsindex $n(\lambda)$ und Extinktionskoeffizient $\kappa(\lambda)$ für die beiden Antireflexionsschicht-Materialien SiO_2 und Si_3N_4.

Die Simulationsrechnungen entsprechend dem Grundmodell (Kap. 4) berücksichtigen zwei Oberflächenrekombinationsgeschwindigkeiten s_n und s_p, die sich z.B. beim pn-Modell auf die p-Emitter-Oberfläche und die n-Basis-Rückseitenkontakt-Fläche beziehen. Emitter- und Basis-Anteil $j_{phot,Emitter}$ und $j_{phot,Basis}$ entsprechen beide der Form Gl. 4.21. So ergeben sich Darstellungen des Zellenwirkungsgrades η bei AM0-Einstrahlung über der Emitter- und der Basisdicke d_{em} und d_{ba} unter Annahme fester Werte für die Emitter- und die Basisdotierung, die unter technologischen Gesichtspunkten aus Optimierungsrechnungen gewählt wurden. Bei der np-Solarzelle (Abb. 7.9 links) beobachtet man, daß eine hohe Oberflächenrekombination $(s_p > 10^4 \, cm/s)$ den Wirkungsgrad verringert, wiederum hohe Rekombination an der Rückseite s_n für Basisdicken größer als 10 µm keine Bedeutung mehr hat. Die optimale Emitterdicke für eine passivierte Oberfläche $(s_p \leq 10^4 \, cm/s)$ ist kleiner als 0,3 µm. Für die komplementäre pn-Solarzelle (Abb. 7.9 rechts) liegt der entsprechende Wert der optimalen Emitterdicke bei 0,3...2,0 µm. Die Darstellungen der Ladungsträgerprofile mit und ohne Beleuchtung gibt Abb. 7.10. Die spektrale Empfindlichkeit beider Solarzellen-Konfigurationen zeigen die Abb. 7.11a/b. Die np-Solarzelle erweist sich als basis-aktiv, die pn-Solarzelle als emitter-aktiv im Hinblick auf wesentliche Beiträge zum spektralen Photostrom.

Da die absoluten Wirkungsgrade beider Zellen nahezu gleich sind $(\eta_{np} = 26,6\%, \eta_{pn} = 26,5\%)$, ist unter dem Gesichtspunkt der Technologie eine Entscheidung zwischen beiden komplementären Strukturen zu fällen. Die konventionelle Flüssigphasen-Epitaxie (LPE; engl.: liquid-phase epitaxy) der GaAs-Solarzellen ist nicht in der Lage, geringere Schichtdicken als 0,1 µm gezielt einzustellen. Erst aufwendigere Verfahren der Dünnschicht-Technologie, wie Gasphasen-Epitaxie (MOCVD, engl.: metal organic chemical vapour deposition) oder Molekularstrahl-Epitaxie (MBE, engl.: molecular beam epitaxy) können gezielt und reproduzierbar Schichtdicken kleiner als 0,1 µm einstellen. Wir beabsichtigen hier, den konventionellen LPE-Herstellungsablauf zu betrachten. Deshalb entscheiden wir uns für das hinsichtlich der Schichtdicken unkritischere $p\text{-}Al_xGa_{1-x}As/p\text{-}GaAs/n\text{-}GaAs$-Bauelement zur weiteren Betrachtung.

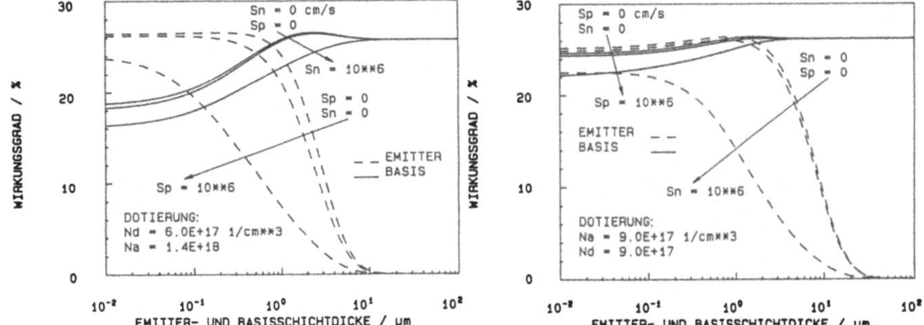

Abb. 7.9: Wirkungsgrad in Abhängigkeit von der Emitter- und Basisdicke für verschiedene Oberflächenrekombinationsgeschwindigkeiten der idealen GaAs-Solarzelle. links: np-Struktur, rechts: pn-Struktur. /7.5/.

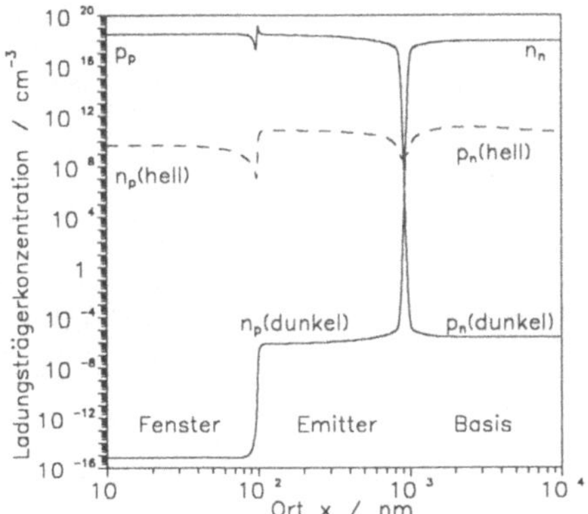

Abb. 7.10: Verteilung der Majoritäts- und Minoritätsträgerdichte in der kurzgeschlossenen idealen pn-GaAs-Solarzelle mit und ohne AM0-Bestrahlung.

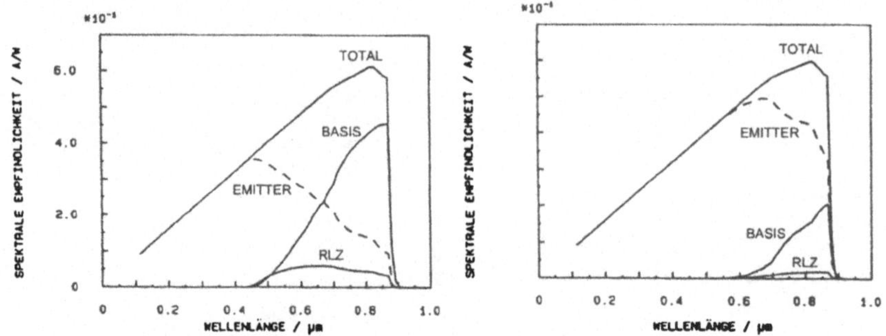

Abb. 7.11:   Spektrale Empfindlichkeit der idealen GaAs-Solarzelle mit Anteilen aus Emitter, Raumladungszone und Basis. links: np-Struktur, rechts: pn-Struktur. /7.5/.

7.4. Kristallzüchtung

Als Ausgangsmaterial benutzt man einkristallines Material, das ähnlich wie kristallines Silizium im Tiegelziehverfahren (Abb. 5.6) gewonnen wird. Allerdings ist dabei zu berücksichtigen, daß bei Verbindungshalbleitern vom Typ A^{III} - B^V die Druckverhältnisse der Schmelze im Reaktionsraum berücksichtigt werden müssen, damit keiner der Partner verdampft. Die Schmelzpunkte der A^{III} - B^V-Verbindungen liegen (mit Ausnahme von InSb) alle höher als die Schmelztemperaturen der reinen Elemente. Diesen Sachverhalt zeigt das Phasendiagramm des binären Systems Gallium/Arsen (Abb. 7.12). Hier existiert für die Verbindung GaAs kein *eutektischer Punkt* als tiefste Temperatur im Verlauf der *Liquiduskurve*, an dem sich stöchiometrisches GaAs bilden würde. Deshalb müssen Schmelzen bei hoher Temperatur im Druckgefäß (im Autoklaven) bereitet werden: beim GaAs für T > 1238 °C. Dies geschieht unter einem Druck von etwa 910 hPa (≈ 0,9 atm), damit das einen hohen Partialdruck aufweisende Arsen nicht abdampft und so die Stöchiometrie von Schmelze und Kristall darunter leiden. Die Druckverhältnisse bei der Herstellung von GaAs-Einkristallen sind jedoch einfach im Vergleich zur Herstellung von z.B. GaP-Einkristallen, die für die LED-Herstellung wichtig sind: dort muß ein Druck von 40 atm herrschen, um das Abdampfen des Phosphors zu verhindern! Man verhindert bei der GaAs-Kristall-Herstellung das Entweichen der Arsen-Komponente durch Überdecken der GaAs-Schmelze mit einer inerten Abdeckflüssigkeit (z.B. B_2O_3, das außerdem Verunreinigungen aus der Schmelze bindet). Der Kristall wächst dann an der Trennfläche zwischen leichterem B_2O_3 und schwererem GaAs. Man bezeichnet dieses Verfahren als *LEC-Technik* (engl.: liquid encapsulated Czochralski).

Ein anderes wichtiges Verfahren ist das *BRIDGMAN-Verfahren*, bei dem die Kristallisation horizontal innerhalb eines geschlossenen Quarzrohres mit einem Arsen-Reservoir erfolgt (Abb. 7.13). In einem Ofen ist das vorgesehene Temperaturprofil (der Temperatur-Gradient zwischen Aufschmelzen und Erstarren) fest eingestellt. Das Quarzrohr mit dem

Tiegel, welcher GaAs-Keim und -Schmelze enthält, wird relativ dazu bewegt. Das Arsen-Reservoir wird separat beheizt, um den As-Partialdruck so einzustellen, daß ein Abdampfen des Arsens aus der GaAs-Schmelze unterbleibt. Der Tiegel besteht aus Graphit oder Aluminiumnitrid, um größere Verunreinigungen (wie z.B. Si aus einem SiO_2-Tiegel) zu unterdrücken. Die aus dem Quarzrohr stammenden Si-Verunreinigungen wirken beim BRIDGMAN-Verfahren in GaAs i. allg. als Donatoren. Für hochohmiges Material ("semi-isolierendes" GaAs) müssen Kompensationsdotierungen wie Cr, Fe, Mn beigefügt werden.

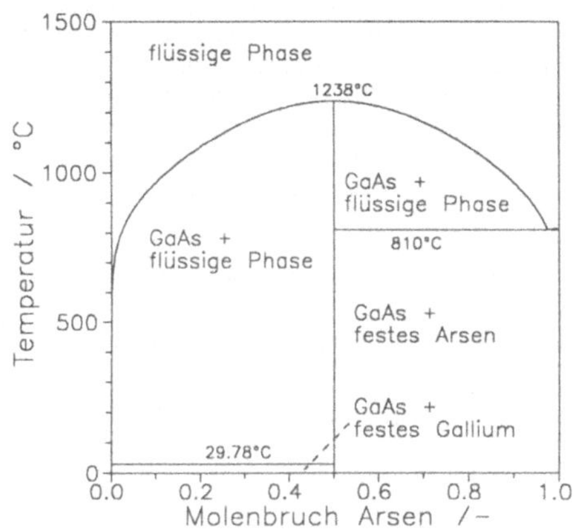

Abb. 7.12:   Phasendiagramm für Gallium und Arsen.

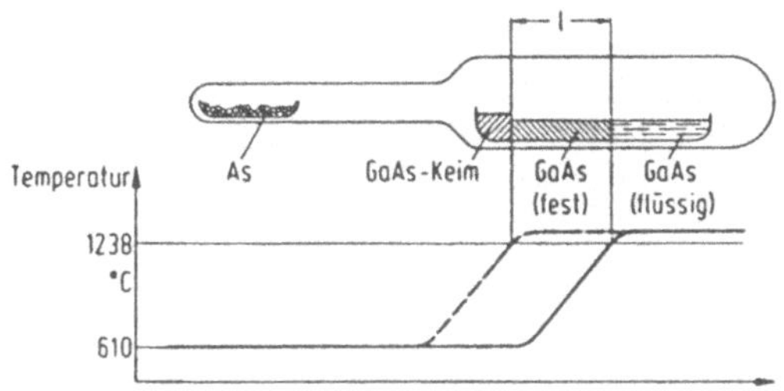

Abb. 7.13:   Schematische Darstellung einer Apparatur zur Herstellung von GaAs-Einkristallen.
- - - -   Temperaturprofil beim BRIDGMAN-Verfahren zu Beginn der Kristallisation,
───────Temperaturprofil nach einer Zeit t /7.6/.

7.5. Flüssigphasen-Epitaxie für GaAs-Solarzellen

Unter Ausnutzung des Ga/As-Phasendiagrammes (Abb. 7.12) lassen sich gezielt dotierte einkristalline GaAs-Schichten auf GaAs-Substraten aufwachsen und pn-Übergänge herstellen. Wenn man, wie üblich, auf der galliumreichen Seite des Phasendiagrammes arbeitet und dort den Vorteil tiefer Abscheidetemperaturen ausnutzt, beschreibt ein Überqueren der gekrümmten *Liquidus-Linie* von oben nach unten den Übergang von flüssiger Ga/As-Phase zur festen GaAs-Phase in galliumreicher Schmelze. Wenn man nun eine feste Temperatur wählt. (z.B. T = 800 °C), so läßt sich die geringe Menge Arsen ausrechnen (Molenbruch ca. 3% in Abb. 7.12), die eine Ga-Schmelze sättigt, damit festes GaAs ausfällt (horizontaler Weg im Phasendiagramm bei T = 800 °C). Der Molenbruch des Arsen bezeichnet dabei den Prozentsatz der Arsen-Mole in der Lösung. Ist ein GaAs-Substrat vorhanden, so wächst epitaktisch das ausgefällte GaAs (u.U. dotiert mit z.B. Be, Sn, Mg) auf dieser Unterlage einkristallin auf. Man benötigt stets den Vorgang der Sättigung der Schmelze mit Arsen vor dem Vorgang der epitaktischen Abscheidung.

Nun möchte man nicht nur einen epitaktischen GaAs-pn-Übergang auf diese Weise "aufwachsen", sondern im gleichen Arbeitsablauf auch die $Al_xGa_{1-x}As$-Fensterschicht herstellen. Man entscheidet sich dafür, das AlGaAs-Fenster nach sorgfältiger Temperaturfestlegung gitterangepaßt epitaktisch aufwachsen zu lassen, indem man das drei-dimensionale Phasendiagramm Aluminium/Gallium/Arsen dafür zu Rate zieht und hier den Al-Anteil bestimmt, der aus einer gesättigten GaAs-Schmelze eine AlGaAs-Schicht ausfällt und auf dem GaAs-Substrat aufwächst. Gleichzeitig dotiert man durch hinzugegebene Störstellen (wie z.B. den Akzeptor Beryllium) über Festkörperdiffusion das GaAs-Substrat. Auf diese Weise entsteht die Schichtenfolge p-AlGaAs/p-GaAs/n-GaAs der Solarzellen-Struktur aus Abb. 7.1. Abschließend zeigt die Abb. 7.14 die Darstellung einer zur LASER-Herstellung genutzten LPE-Mehrfachschicht-Apparatur mit insgesamt vier separaten Schmelzlösungen, die über das Substrat hinweg bewegt werden können (Schiebetiegel-Verfahren). Für die LPE von GaAs-Solarzellen werden maximal zwei Schmelzen (Fensterschicht und ev. Pufferschicht) benötigt.

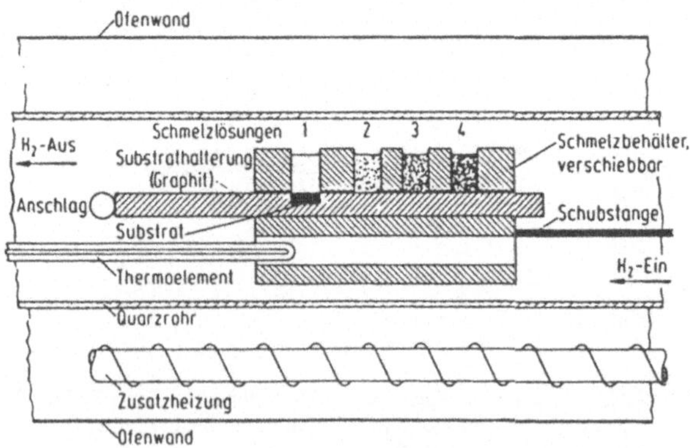

Abb. 7.14:   LPE-Apparatur zur Herstellung von Mehrfachschichten /7.7/.

7.6. Präparation

Unser Präparationsbeispiel einer GaAs-Solarzelle orientiert sich wie schon zuvor für die Materialien c-Si und poly-Si an einem industriellen Herstellungsprozeß.

Ausgangsmaterial: BRIDGMAN-Material, gesägt (z.B. 2,0 cm x 2,0 cm x 300 µm) und geläppt, n-GaAs, $N_D(Si) = 2 \cdot 10^{18}$ cm^{-3}.

1. Probenvorbereitung: Kontrolle der Versetzungsdichte, Reinigen (z.B. in TCE, Azeton, Methanol), Ätzen (z.B. in HCl:H_2O = 1:1) und Spülen.

2. Flüssigphasen-Epitaxie: LPE aus großem Schmelzvolumen bei $T = 700...900$ °C und mit $-dT/dt = 0,2...0,5$ K/min.

2.1 *Pufferschichtepitaxie:* 10-12 µm, n-GaAs, $N_D(Sn) = 2 \cdot 10^{17}$ cm^{-3}, anschl. Reinigung.

2.2 *Epitaxie der Fensterschicht und Emitter-Diffusion:* 0,1-0,3 µm p-$Al_{0,85}Ga_{0,15}As$, gleichzeitig Eindiffusion des Emitters aus der Be-dotierten Schmelze: $d_{em} = 0,3$-$0,5$ µm, $N_A(Be) = 2 \cdot 10^{18}$ cm^{-3}.

3. Ohmsche Kontakte:

3.1 *Vorderseitenkontakt:* Fingerstruktur: Kontakt auf p-GaAs durch Photolithographie und Metal Lift-Off, Au/Zn(3%)-Ag (gesputtert und galvanisch verstärkt).

3.2 *Rückseitenkontakt:* ganzflächig: Ni-Au/Ge(12%)-Au-Ag (aufgedampft).

4. Optische Vergütung: zweilagiges ARC: TiO_2 / Al_2O_3, $d_{ARC} = 140$ nm (aufgedampft).

5. Test: $I(U)$ im simulierten AM0-Spektrum, $S(\lambda)$, Bestrahlungstest.

Produkt: p^+-$Al_{0,85}Ga_{0,15}As$-pn-GaAs-Solarzelle für Weltraumanwendungen, Wirkungsgrad: $\eta_{AM0}(T = 28$ °C$) = 17$-19%, Strahlungstest (e / 10^{15} cm^{-2}, 1 MeV): $\eta / \eta_0 \approx 0.85$.

Die Abb. 7.15 zeigt den inneren Quantenwirkungsgrad $Q_{int}(\lambda)$ für zwei LPE-gefertigte pn-GaAs-Solarzellen und die Nachsimulation zur Parameter-Anpassung (Fensterschicht-Dicke d_w, Diffusionstiefe x_j, Basisdicke d_{ba} mit Minoritätsträger-Diffusionslängen und Oberflächenrekombinationsgeschwindigkeiten). Der Abfall im Kurzwelligen ("Blauen") wird maßgeblich durch Absorption in der Fensterschicht verursacht, im Langwelligen ("Roten") erfolgt der Abfall abrupt bei etwa $\lambda = 850$ nm. Hier erkennt man den direkten Halbleiter GaAs mit hohem Bandabstand ($\Delta W = 1.42$ eV).

Schließlich sei angemerkt, daß die derzeit unter Standard-Testbedingungen (AM1.5global, 100 mW/cm^2, 25 °C) am effizientesten arbeitende Solarzelle mit einem pn-Übergang aus GaAs nach dem aufwendigen MOCVD-Verfahren hergestellt wurde. Ihr Aufbau und die Generator-Kennlinie sind in Abb. 7.16 dargestellt. Man erkennt deutlich einen gegenüber den Si-Solarzellen "rechteckigeren" Verlauf der letzteren.

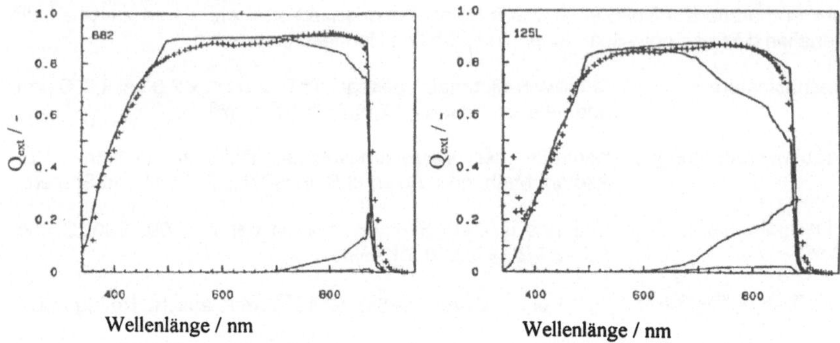

Abb. 7.15: Messung des Quantenwirkungsgrades zweier pn-GaAs-Laborsolarzellen und Simulation unter Annahme einer absorbierenden Fensterschicht. Simulationsparameter B82: $d_{em} = 2$ µm, $L_n = 5$ µm, $s_n = 10^4$ cm/s, $L_p = 3$ µm, $s_p = 10^4$ cm/s; 125L: $d_{em} = 1$ µm, $L_n = 3$ µm, $s_n = 10^5$ cm/s, $L_p = 2$ µm, $s_p = 10^4$ cm/s. Beiträge entsprechend Abb. 7.11 rechts. /7.8/.

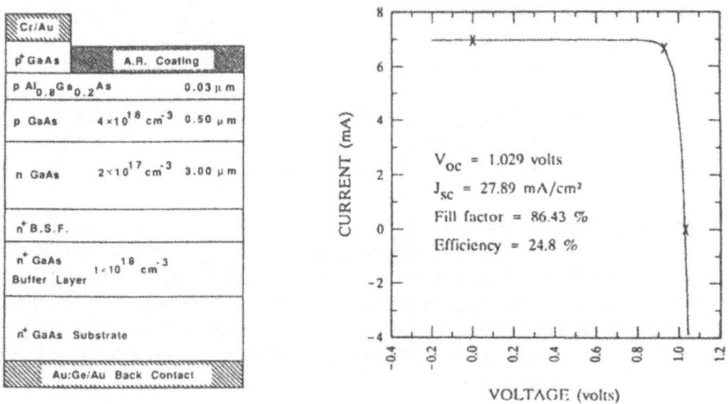

Abb. 7.16: Struktur (links) und Generator-Kennlinie (rechts) der "Weltrekord"-Solarzelle /7.9/.

Messung der Generator-Kennlinie

Eine Apparatur zur Messung von Generator-Kennlinien setzt sich aus Solarsimulator und der angeschlossenen Meßelektronik zusammen. Der Solarsimulator befindet sich in einem luftgekühlten Gehäuse. Als Strahlungsquelle dient eine quarzummantelte 1000 W Xenon-Hochdrucklampe. Ihr Kurzbogen strahlt Licht einer dem PLANCKschen Strahlungsgesetz entsprechenden spektralen Verteilung ab. Die Lampe befindet sich im Brennpunkt eines ellipsoidalen Reflektors, der das Licht einsammelt und über einen Ablenkspiegel auf einen optischen Integrator fokussiert. Dieser besteht aus einem System flächenhaft benachbarter Linsen, die das durch sie hindurchfallende Licht jeweils gleichmäßig über den Strahlengang verteilen und auf diese Weise die durch die Geometrie der Strahlungsquelle bedingte Inhomogenität der Bestrahlungsstärke ausgleichen. Hinter dem Integrator werden Filter zur spektralen Anpassung des Lampenspektrums eingebracht. Ein Schließblech dient als Schutz gegen Strahlung und Erwärmung während der Einrichtung des Meßplatzes. Über einen weiteren Umlenkspiegel wird das Licht auf eine Kollimatorlinse reflektiert, so daß ein paralleles Strahlenbündel das Gehäuse verläßt und auf die thermostatisierte Probenaufnahme trifft. Die zu vermessenden Solarzellen sind auf einen geschwärzten Messingträger geklebt. Der Oberflächenkontakt ist in Golddraht-Bond-Technik angeschlossen. Emitter und Basis sind an zwei Stromzuführungen und zwei zusätzliche Potentialsonden angeschlossen (KELVIN-Verdrahtung). Direkt unter der Probe wird die Temperatur mit einem Meßwiderstand gemessen. Unmittelbar vor jeder Messung wird die Bestrahlungsstärke mit einer kalibrierten Si-Solarzelle kontrolliert. Die Aufnahme der Strom-Spannungs-Charakteristik der bestrahlten Solarzelle erfolgt mit einer PC-gesteuerten Vier-Quadrantenquelle. Die Messung wird im Sperrbereich mit einer Spannungsquelle gestartet, nach Überschreiten des maximalen Arbeitspunktes, wo sich der differentielle Widerstand des Meßobjektes zu verringern beginnt, erfolgt die Ansteuerung mit einer Stromquelle.

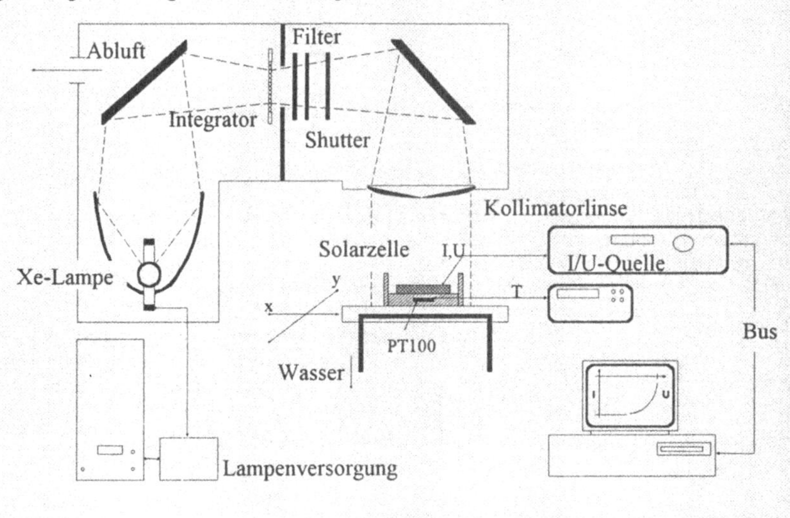

8. Dünnschicht-Solarzellen aus amorphem Silizium

8.1. Eigenschaften des amorphen Siliziums

Die fehlende Ordnung der atomaren Struktur ist das Hauptmerkmal, mit dem sich amorphe von kristallinen Materialien unterscheiden (Abb. 8.1). Jedoch ist es nicht die fehlende *Fernordnung*, welche die Eigenschaften des amorphen Halbleiters ausmacht. Aus der SCHRÖDINGER-Gleichung und dem BLOCH-Theorem könnte man dies zunächst schließen. Entscheidend ist die *Nahordnung,* die im amorphen Material relativ stark erhalten bleibt, was man aus einem Diagramm entnehmen kann, das für die regelmäßig-geordnete kristalline Phase (oben), für die gestörte amorphe Phase (Mitte) und für die völlig ungeordnete Gasphase (unten) die Wahrscheinlichkeit, ein Nachbaratom zu finden, über dem räumlichen Abstand von einem Beobachtungspunkt ("Auf-Atom") angibt (Abb. 8.2). Erst mit zunehmender Entfernung (hier vom 5. - 6. Nachbarn ab) ist die amorphe Materie zufallsverteilt wie in einem Gas.

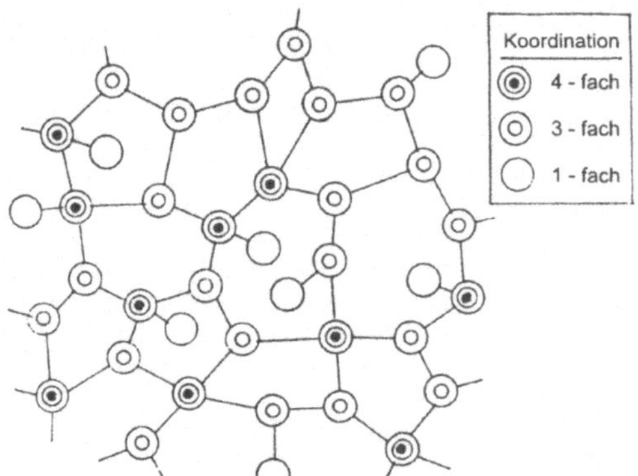

Abb. 8.1:   Zufallsnetzwerk der Atome im amorphen Festkörper mit unterschiedlicher Koordinationszahl der Atome (nach Street /8.1/).

Amorphe Halbleiter weisen im Nahbereich eine erkennbare Ordnung auf, die z.B. beim amorphen Silizium (a-Si) durch die gleichartigen kovalenten Bindungen über Elektronenpaare wie im kristallinen Material charakterisiert ist (d.h. zur gleichen Zahl von Nachbaratomen, mit vergleichbarem mittleren Bindungsabstand und Bindungswinkel). Das Zufallsnetzwerk der Atome in einer amorphen Substanz, wie z.B. Glas, ist durch eine hohe Dichte an *Koordinationsdefekten* charakterisiert, die fehlende (oder überzählige) Bindungen zu Nachbaratomen beschreiben. Zwar gibt es auch im kristallinen Netzwerk Störungen wie Leerstellen und Zwischengitteratome, desgleichen auch Störatome mit vom Wirtsgitter abweichender Koordinationszahl (Donatoren, Akzeptoren), im periodischen Gitter jedoch mit einer meist diskret zugeordneten Energielage innerhalb der *Verbotenen Zone* des Energiebändermodelles. Die Mannigfaltigkeit der

Koordinationsdefekte im amorphen Halbleiter erzeugt zusätzliche mit Elektronen besetzbare Energiezustände im Verbotenen Band. Schwankungen von Bindungsabstand und -winkel erzeugen Bandausläufer ("Schweifzustände", engl.: tail states) und Koordinationsfehler bilden Lückenzustände (engl.: gap states).

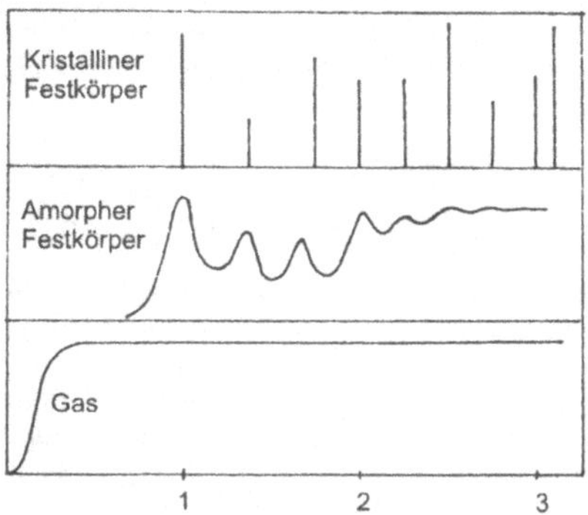

Abb. 8.2: Ortsverteilung der Wahrscheinlichkeit, ein Nachbaratom zu finden, für die kristalline Phase (oben), für die amorphe Phase (Mitte) und für die Gasphase (unten) (nach Street [8.1]).

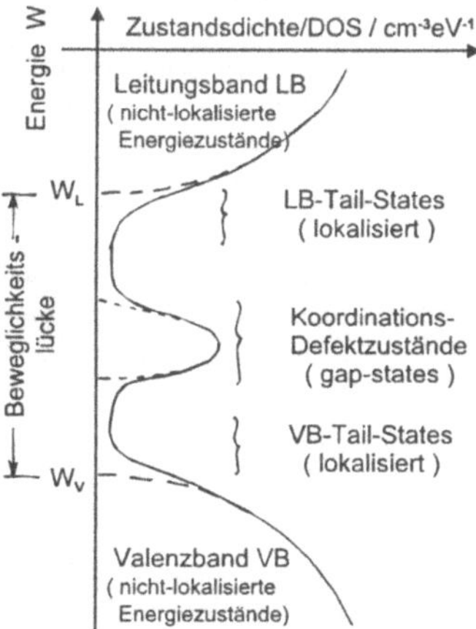

Abb. 8.3: Einteilung der Energiezustände nach nicht-lokalisierten Bandzuständen und lokalisierten Tail- und Gap-Zuständen mit den Grenzen der Beweglichkeitslücke W_L und W_V.

Sie alle dämpfen im amorphen Halbleiter die BLOCH-Wellen der Elektronen, die im ungestörten Kristall "quasi-frei" zwischen den Probenoberflächen als ebene Wellen nicht-lokalisiert laufen. Hier entstehen zusätzliche *Streuvorgänge*, die die Kohärenz der BLOCH-Wellen stören und die mittlere freie Weglänge herabsetzen. Wenn die mittlere freie Weglänge der Elektronen bis auf atomare Distanzen (mittlerer Abstand $\bar{a}$ zweier Atome) reduziert ist, wird die Erhaltung des Impulses p der generierten und rekombinierenden Elektron-Loch-Paare entsprechend der HEISENBERGschen Unschärfe-Relation gestört und aufgehoben

$$\left.\begin{array}{l} \Delta x \cdot \Delta p \geq h \\ \Delta x \approx \bar{a},\ \Delta p = \hbar \cdot \Delta k \end{array}\right\} \Rightarrow \Delta k \geq \frac{2\pi}{\bar{a}}. \tag{8.1}$$

Die Wellenzahl-Unschärfe $\Delta k \geq 2\pi / \bar{a}$ entspricht dann mindestens dem Maximalwert der Wellenzahl, d.h. es findet sich aus dem Wärmehaushalt des amorphen Halbleiters stets ein Phonon als Schwingungsquant bzw. es wird gar kein Phonon mehr benötigt, um einen Band-Band-Übergang von Ladungsträgern zu bewerkstelligen: aus dem indirekten Halbleiter kristallines Silizium ist der *(quasi-) direkte Halbleiter* amorphes Silizium geworden. Diese Tatsache drückt sich dann sehr anschaulich im Steilanstieg des Absorptionskoeffizienten $\alpha(\lambda)$ für a-Si aus (s. Abb. 3.6).

Andererseits liegt die Bandkante ΔW für a-Si bei einer höheren Energie als für c-Si, nämlich bei $\Delta W_{a\text{-}Si} = 1{,}65$ eV. Diese Energie beschreibt den Aufwand an z.B. optischer Energie, um ein Elektron im kontinuierlichen Übergang zwischen den nicht-lokalisierten Bandzuständen (extended states) und den lokalisierten Schweifzuständen in der Verbotenen Zone über die *Beweglichkeitskante* W_L (engl.: mobility edge) anzuheben, von der ab die Photoleitfähigkeit der Probe sich meßbar vergrößert. Beim amorphen Silizium mit seiner über der Energie kontinuierlichen Verteilung von besetzbaren Zuständen wird der Begriff der Leitungsbandkante W_L durch den neuen Begriff der *Beweglichkeitskante* W_L ersetzt, da sich Elektronen - anders als im kristallinen Halbleiter - auch zwischen den Energien W_V und W_L befinden können. Sie sind dort dann allerdings eingefangen (lokalisiert) und dadurch unbeweglich. Erst oberhalb von W_L ist das durchschnittliche Elektron wieder ungebunden und kann sich durch das amorphe Netzwerk bewegen. Auch der Begriff der Verbotenen Zone wird konsequent durch die *Beweglichkeitslücke* ersetzt.

An den Beweglichkeitskanten bewegen sich Elektronen und Löcher mit einer Beweglichkeit μ, welche die erhöhte Streuung der Ladungsträger im amorphen Material a-Si über die *mittlere freie Weglänge* $v_{th} \cdot t_0$ in der Größenordnung atomarer Abstände ($a \approx 0{,}2...0{,}5$ nm) widerspiegelt

$$\mu = \frac{q\,t_0}{2\,m_{\mathit{eff}}} \approx 1...5 \ \text{cm}^2\text{V}^{-1}\text{s}^{-1} \ \text{ mit } t_0 \approx a / v_{th}. \tag{8.2}$$

Aber auch energetisch unterhalb der Beweglichkeitskante können sich Elektronen durch thermionische Aktivierung ("hopping"-Prozesse) mit deutlich geringerer Beweglichkeit ($\mu = 0{,}01 ... 0{,}1$ cm^2 V^{-1} s^{-1}) bewegen (entsprechend Löcher oberhalb von W_V). Voraussetzung ist eine genügende Dichte von "Schweif"-Zuständen, ebenso die gleichzeitige Wirksamkeit einer elektrischen Feldstärke und thermischer Anregung.

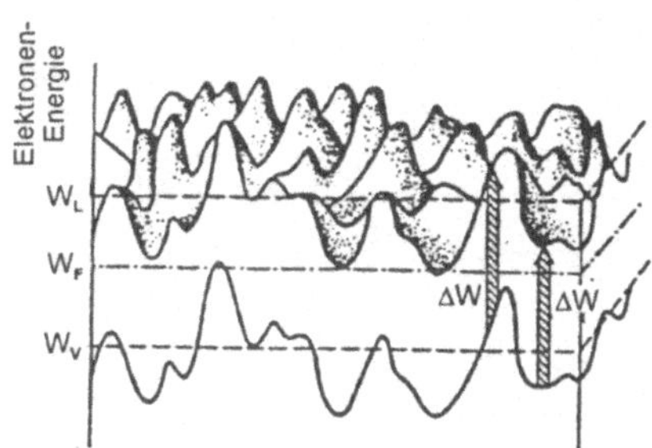

Abb. 8.4:   Darstellung der Energiebänder in einem amorphen Halbleiter über dem Ort (nach Elliott) /8.2/.

Anschauliches Verständnis für die Beweglichkeitslücke $\Delta W = W_L\text{-}W_V$ und die reduzierte Ladungsträger-Beweglichkeit vermittelt die Abb. 8.4, in der die Auswirkung der fluktuierenden Energien im Bändermodell auf den Ladungsträgertransport gezeigt wird: die Elektronen und die Löcher müssen den Weg minimalen Energieaufwandes durch das Potentialgebirge finden.

8.2. Dotieren des amorphen Siliziums

Im amorphen Silizium wirken die Defekte im atomaren Netzwerk (schwankende Bindungsabstände und Bindungswinkel, Koordinationsfehler) mit Fremdatomen zusammen, um die Dotierung einzustellen. Die Dotierung wird dabei durch die Lage der Fermi-Energie W_F beschrieben. Zunächst möge es sich um einen undotierten Halbleiter handeln, der damit nicht unbedingt eigenleitend sein muß: die Lage des *Fermi-Niveaus* wird durch eine nach außen neutralisierte Ladung nach der Fermi-Statistik eingestellt. Nehmen wir an, es werden Donator-Atome der Dichte N_D und der energetischen Lage W_D zusätzlich in das Si-Netzwerk eingebracht, so daß sich wegen der weiterhin notwendigen Neutralität des Materials die Fermi-Energie neu einstellen muß (Abb. 8.5) und sich energetisch vom anfänglichen Wert W_0 in Richtung Leitungsbandkante bis W_F verschiebt. Diese Verschiebung lädt Bandlückenzustände der energetischen Dichte $g(W)$ um und fängt in ihnen Elektronen aus dem Band energetisch oberhalb der Beweglichkeitslücke bei W_L ein. So ergibt sich die Neutralitätsbedingung

$$\rho = q\left[N_D^+ + p - \int_{W_0}^{W_F} \frac{g(W)\,dW}{1 + e^{(W-W_0)/kT}} - n \right] = 0 \qquad (8.3)$$

für die ionisierten Donatoren der Dichte N_D^+, die Leitungsbandelektronen der Dichte n, die Valenzbandlöcher der Dichte p und die negativ geladenen Bandlückenzustände der energetischen Dichte $g(W)$ zwischen W_0 und W_F. Damit haben wir die

Bandlückenzustände im betrachteten Bereich als *Akzeptoren* beschrieben, die zwischen den Ladungszuständen *neutral* und *negativ* wechseln

$$[g(W)\cdot dW]^x + e^- \longleftrightarrow [g(W)\cdot dW]^- . \tag{8.4}$$

Bei genügend geringer Dichte der Bandlückenzustände werden nicht alle Elektronen aus Donatoren N_D^+ wieder in Bandlückenzuständen eingefangen, es verbleibt die Elektronendichte nach Gl. 8.3

$$n = N_D^+ - \int_{W_0}^{W_F} \frac{g(W)\cdot dW}{1 + e^{(W-W_0)/kT}} < N_D^+ . \tag{8.5}$$

Die Löcherdichte p (Minoritätsladungsträger!) ist von vornherein vernachlässigbar.

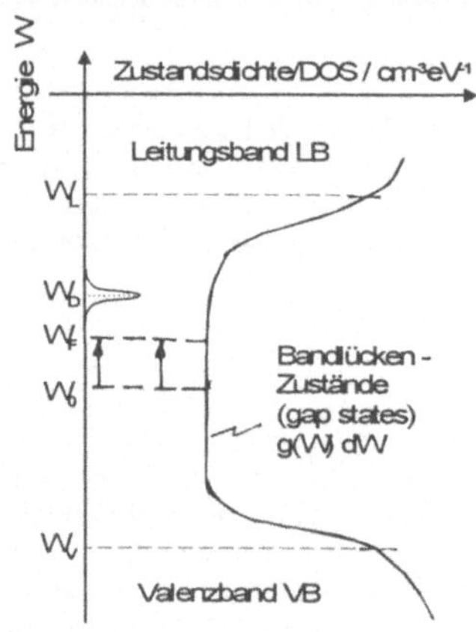

Abb. 8.5:   Dotierung von amorphem Silizium durch Donatoren N_D in Anwesenheit von Bandlückenzuständen $g(W)\cdot dW$.

Die eingebrachten Donatoren der Dichte N_D vermögen jedoch die spezifische elektrische Leitfähigkeit zu vergrößern. Wir gehen für eine grobe Abschätzung davon aus, daß sich das Fermi-Niveau durch Einbringen von N_D verschiebt. Wenn wir nun annehmen, daß 1.) im fraglichen Energiebereich zwischen W_F und W_0 die Dichtefunktion $g(W)$ annähernd konstant ist, daß wir 2.) die Exponentialfunktion unter dem Integral vernachlässigen dürfen und schließlich 3.), daß alle Donatoren ionisiert sind, so können wir nach Gl. 8.3 abschätzen

$$N_D \approx g(W)\cdot(W_F - W_0). \tag{8.6}$$

Da sich die Zunahme der spezifischen elektrischen Leitfähigkeit von σ_0 auf $\sigma(W_F)$ durch

$$\left(\frac{\sigma(W_F)}{\sigma_0}\right) = e^{\frac{W_F - W_0}{kT}} \qquad (8.7)$$

beschreiben läßt, ergibt sich näherungsweise

$$\left(\frac{\sigma(W_F)}{\sigma_0}\right) \approx e^{\frac{N_D}{kT \cdot g(W)}}. \qquad (8.8)$$

Nimmt man nun als Dichte der Phosphoratome z.B. $N_D \approx 10^{18}$ cm^{-3} und als energetische Dichte der Bandlückenzustände $g(W) \approx 5 \cdot 10^{19}$ cm^{-3} eV^{-1} an, so folgt für den Quotienten $\sigma(W_F)/\sigma_0 \approx 2,2$. Diese Leitfähigkeitsmodulation erweist sich als relativ gering, obwohl wir bereits sehr hohe Werte für N_D angenommen haben.

Vergleichen wir kurz die Verhältnisse beim kristallinen und beim amorphen Halbleitermaterial entsprechend Gl. 8.3. Während beim kristallinen Material das Integral über die Bandlückenzustände gegenüber der Dichte freier Majoritätsträger (hier die Elektronen) vernachlässigbar ist, so ist es beim amorphen Halbleitermaterial i. allg. umgekehrt. Erst bei erheblicher Absenkung der Dichte von Bandlückenzuständen $g(W) \cdot dW$ verbleiben innerhalb der Differenzbildung der Gl. 8.5 Anteile für die freien Ladungsträger (p-n). Man erreicht die notwendige Absenkung der Dichte von Bandlückenzuständen durch den *Einbau von Wasserstoff* in das Netzwerk des amorphen Siliziums. Dabei verringert man die Dichte der Koordinationsdefekte durch den Abschluß von *dangling bonds* als kovalente Bindungen mit einzelnen Wasserstoffatomen. Technisch verändert man die Leitfähigkeit des amorphen Siliziums beim Abscheiden von dünnen a-Si-Schichten aus Silangas (SiH$_4$) im Reaktor einer Glimmentladung (engl.: glow discharge (gd), siehe Abb. 8.6) durch Zugabe von Dotiergasen (Phosphin PH$_3$ und Diboran B$_2$H$_6$). Da neben den geringen Anteilen von Störatomen vor allem Wasserstoffatome (Molenbruch bis zu 20%) in die a-Si-Schicht eingebaut werden, unterscheidet man n-Typ a-Si:H und p-Typ a-Si:H (n- bzw. p-leitendes *amorphes hydrogenisiertes Silizium* aus der Glimmentladung). Der unsymmetrische Verlauf des spezifischen Widerstandes ρ in Abb. 8.7 zeigt, daß eine geringe Menge B$_2$H$_6$ zunächst eine ρ-Steigerung bewirkt und auf einen asymmetrischen Verlauf der Bandlückenzustände innerhalb der Beweglichkeitslücke hinweist. Somit ist undotiertes a-Si:H leicht n-leitend ("ν-leitend").

Mit der passivierenden Wirkung des Wasserstoffes im Netzwerk des a-Si:H hängt auch der STAEBLER-WRONSKI-*Effekt* zusammen, der die Abnahme von Hell- und Dunkelleitfähigkeit des a-Si:H während der Bestrahlung mit Licht beschreibt und der durch eine Temperaturerhöhung ("Temperung") auf $T \leq 200\,°C$ rückgängig gemacht werden kann. Man kann zeigen, daß beim STAEBLER-WRONSKI-Effekt kovalente Si-H-Bindungen zerstört werden und zusätzliche *dangling bonds* entstehen, die als tiefliegende Bandlückenzustände wie Rekombinationszentren wirken. Durch diese Degradation nimmt bei den a-Si:H-Solarzellen der Energiewandlungs-Wirkungsgrad innerhalb der ersten 200 - 300 Betriebsstunden ab.

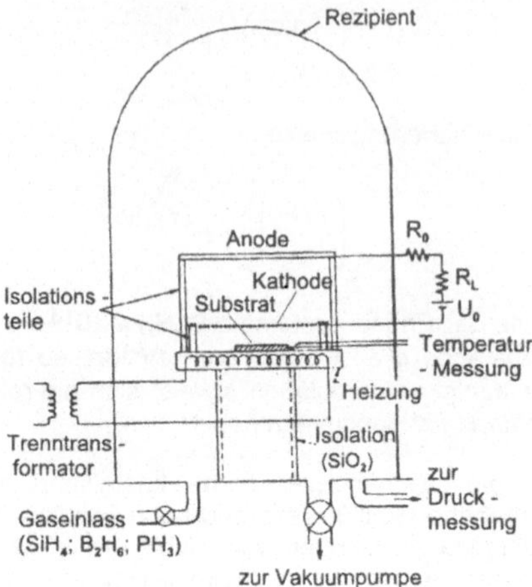

Abb. 8.6:   Abscheidung von a-Si:H-Schichten im SiH_4-Reaktor (aus der Glimmentladung des Silan-Plasmas).

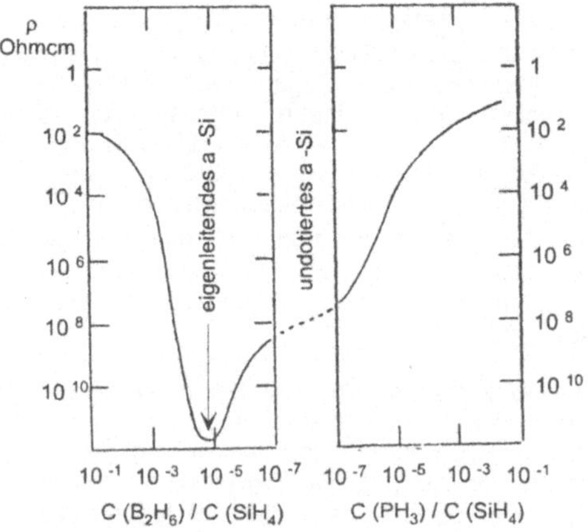

Abb. 8.7:   Verlauf des spezifischen Widerstandes ρ über der anteiligen Konzentration von Diboran (B_2H_6) bzw. Phosphin (PH_3) im Silan (SiH_4) in a-Si:H (nach Spears [8.3]).

8.3. Physikalisches Modell der a-Si:H-Solarzelle

Wegen des steilen Verlaufes des Absorptionskoeffizienten (s. Abb. 3.6) genügen dünne a-Si-Schichten zur vollständigen Absorption des Sonnenlichtes. Für die notwendige Trennung der lichterzeugten Elektron-Loch-Paare muß eine effiziente Strategie gewählt werden, welche die hohe Defektdichte des amorphen Materials und die damit einhergehende hohe Rekombinationsrate von Überschußladungsträgern berücksichtigt. Dominierende Diffusionsprozesse wie im kristallinen Material scheiden wegen der geringen Diffusionslänge aus. Deshalb müssen die Überschußladungsträger in der Probe bereits am Ort ihrer Entstehung von einem hohen elektrischen Feld getrennt werden, um der hohen Rekombination zu entgehen.

Eine Bauelement-Konfiguration, die ein hohes elektrisches Feld zwischen zwei Kontakten aufbaut, ist die *pin-Diode*. Bei genügend hoher Dotierung der beiden Randbereiche (p^+, n^+) können diese sehr schmal werden, ohne dabei die RLZ-Weite zu unterschreiten

$$w_{p^+RLZ}\left(N_A=10^{20}\,\text{cm}^{-3}\right) \approx 5\,\text{nm} \quad \text{mit} \quad U_D \approx 1,25\text{V} \quad \text{aus} \quad w_{RLZ} \approx \sqrt{\frac{2\,\varepsilon_{Si}\,\varepsilon_0}{q\,N_A}\cdot U_D}\,. \tag{8.9}$$

Nimmt man nun ideal eigenleitendes a-Si-Material der Dicke $l = 1\mu\text{m}$ zwischen den beiden hochdotierten n^+- und p^+-Randbereichen an, so erhält man bei der pin-Diode eine konstante Feldstärke im i-Bereich von

$$\mathbf{E} = \frac{U}{l} \approx 10^4\,\text{V}\cdot\text{cm}^{-1}. \tag{8.10}$$

Mit Hilfe der elektrischen Feldstärke $\mathbf{E}$ lassen sich Überschußladungsträger-Paare voneinander trennen. Die charakteristische Länge dafür ist die *Driftlänge* L_{Drift}. Sie beschreibt die Strecke innerhalb der Feldzone, über die im Mittel die Überschußladungsträger auf den e-ten Teil reduziert werden. Für das Verschwinden kommt neben Rekombination vor allem der Einfang von Ladungsträgern in Energiezuständen innerhalb der Beweglichkeitslücke in Frage. Diesen Vorgang bezeichnet man als "Trappen" der Ladungsträgern in DOS-Zuständen, (engl.: trapping = einfangen, DOS = density of states). Deshalb liegt auf der Hand, daß in der pin-Solarzelle die Breite der eigenleitenden Schicht und die Driftlänge auf einander abgestimmt sein sollten. Wie die Diffusionslänge der kristallinen Solarzelle sollte die Driftlänge der amorphen Solarzelle stets größer und niemals kleiner als die Probendicke sein, wenn man beim Sammlungsvorgang keine Ladungsträger verlieren will. Da - wie weiter unten ausgeführt wird - ein hoher Wert für L_{Drift} sowohl eine hohe Trägerbeweglichkeit μ als auch eine hohe (Minoritätsträger-)Lebensdauer τ im i-Gebiet voraussetzt und seine Realisierung auf technologische Schwierigkeiten stößt, begnügt man sich mit der Forderung

$$\text{Probendicke} \approx \text{Breite des i-Bereiches} \approx \text{Driftlänge der Ladungsträger.} \tag{8.11}$$

Für genaue quantitative Rechnungen existieren keine analytischen Modelle für a-Si:H-Solarzellen. Man muß dafür stets iterative numerische Methoden verwenden, um den lokalen Änderungen der Größen Rechnung zu tragen. Im Folgenden werden wir ein einfaches physikalisches Modell der pin-Solarzelle aus a-Si:H aufstellen und uns dabei auf analytisch lösbare Zusammenhänge beschränken. Zunächst definieren wir die Dichte des Gesamtstromes j (U, E), die nicht mehr dem Superpositionsprinzip genügt, weil sich Spannungs- und Beleuchtungseinflüsse nicht unabhängig voneinander in zwei Summanden linear überlagern lassen (vgl. Gl. 4.1)

$$j(U,E) = j_{pin}(U,E) - j_{phot}(U,E).$$

(8.12)

Wir nähern den ersten Summanden als pin-Diodenstrom an, in dem die Trägerlebensdauer $\tau = f(E)$ beleuchtungsabhängig ist. Der zweite Summand wird durch das Modell des konstanten elektrischen Feldes nach CRANDALL /8.4/ angenähert.

8.3.1. Dunkelstrom

Die Abb. 8.8 gibt eine Übersicht über die pin-Struktur, den Verlauf der Raumladungsdichte $\rho(x)$ des elektrischen Feldes $E(x)$ und des Energiebändermodelles $W(x)$ für den Spannungs-Nullpunkt und die Durchlaßspannung $U > 0$. Die pin-Diode wird symmetrisch dotiert angenommen, woraufhin auf jeden der beiden RLZ-Bereiche die halbe Diffusionsspannung entfällt.

$$U_{D1} = U_T \cdot \ln\left(\frac{p_0^+}{n_i}\right), \qquad U_{D2} = U_T \cdot \ln\left(\frac{n_0^+}{n_i}\right) \qquad \text{mit} \quad U_T = \frac{kT}{q},$$

$$U_D = U_{D1} + U_{D2} = U_T \cdot \ln\left(\frac{n_0^+ p_0^+}{n_i^2}\right).$$

(8.13)

Wird eine äußere Spannung $U > 0$ (Durchlaß) angelegt, so vergrößern sich die jeweiligen Randkonzentrationen der freien Ladungsträger im i-Gebiet um den BOLTZMANN-Faktor, in dessen Argument wegen der symmetrischen Dotierung die halbe äußere Spannung verrechnet wird

$$\frac{p}{n_i} = \frac{n}{n_i} = e^{U/2\,U_T} \qquad \text{mit} \qquad \begin{aligned} p &= p_{i0} + \Delta p(U) = n_i + \Delta p(U) \\ n &= n_{i0} + \Delta n(U) = n_i + \Delta n(U). \end{aligned}$$

(8.14)

In unserem Modell haben wir im i-Gebiet ein konstantes elektrisches Feld vorausgesetzt. Im Flußfall ($U > 0$) bauen wir das elektrische Feld ab, für Sperrung ($U < 0$) vergrößern wir es. Der Strom im i-Gebiet besteht in der Nähe der hochdotierten Bereiche überwiegend aus deren Majoritätsträgern. Hier läßt die Feldwirkung nach und wir vermuten deshalb wachsende Diffusionsanteile des Stromes in Kontaktnähe. Nach Maßgabe der Minoritätsträgerkonzentration überwiegt z.B. im i-Gebiet für $U > 0$ die Rekombination. Über beide Ladungsträgertypen erhält man so eine Kennliniengleichung für den Minoritätsträger-Rekombinationsstrom im i-Bereich, durch Integration der Kontinuitätsgleichung unter Beachtung von Gl. 8.14

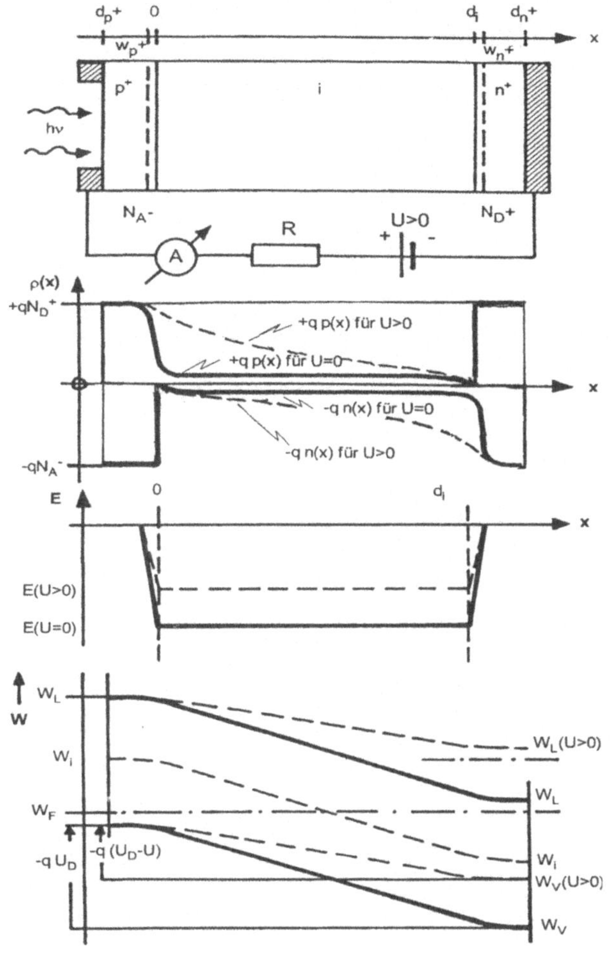

Abb. 8.8: pin-Solarzellenstruktur ($N_D^+ = N_A^-$). Im Dunkelfall $\rho(x)$, $E(x)$ und $W(x)$ für $U = 0$ (durchgezogen) und $U > 0$ (gestrichelt).

$$\left(\frac{\partial j_p}{\partial x}\right) = +q\,R \qquad \text{mit } R = \frac{p - n_i}{\tau_p} \; ,$$

$$\left(\frac{\partial j_n}{\partial x}\right) = -q\,R \qquad \text{mit } R = \frac{n - n_i}{\tau_n} \; , \tag{8.15}$$

$$j = q \int\limits_{x_1=0}^{x_2=d_i} \frac{n_i}{\tau}\left(e^{U/2U_T} - 1\right) dx$$
$$= \frac{q\,n_i\,d_i}{\tau}\left(e^{U/2U_T} - 1\right) \qquad \text{mit } x_2 - x_1 = d_i . \tag{8.16}$$

Die Lebensdauer τ wird dabei als Konstante betrachtet. Dies gilt jedoch nur mit großer Einschränkung: im Hochfeldbereich und bei Beleuchtung ändern sich die τ-Werte in einer realen Solarzellen-Struktur lokal erheblich.

8.3.2. Photostrom

Ausgangspunkt für die Berechnung des Photostromes ist der Versuch, über bereichsweise *(regionale) Approximationen* der komplizierten Ortsabhängigkeiten einen einfachen Ausdruck für den pin-Photostrom zu erhalten. Das elektrische Feld wird deshalb für den Spannungsabfall über der i-Schicht mit der Breite d_i errechnet und ortskonstant angenommen

$$\mathbf{E} = U/d_i \quad \text{mit } U = U_L - U_A .$$

Dabei ist U_A die von außen angelegte Spannung und U_L die Leerlaufspannung, beide werden als einander überlagerbar angenommen. Weiterhin wird angenommen, daß der über dem Ort konstante Verlauf des Feldes weder von den ortsfesten Energiezuständen in der Beweglichkeitslücke noch von den lichterzeugten Überschußladungsträgern verändert wird. Nur der Betrag der Feldstärke wird verändert. Damit läßt sich eine konstante Lebensdauer τ innerhalb der i-Schicht begründen. Schließlich kommen wir zu der sehr einschränkenden Annahme, daß innerhalb der i-Schicht lediglich Feldstrom, jedoch kein Diffusionsstrom existiert. Für die letztgenannten Annahmen ist eine ortskonstante Generation von Ladungsträgerpaaren anzunehmen. So setzt man für die Strom- und die Kontinuitätsgleichung mit den Driftgeschwindigkeiten v_n und v_p eindimensional an

$$j_n = q\mu_n n\,\mathbf{E} = qv_n n \qquad \text{mit } v_n = \mu_n \mathbf{E},$$
$$j_p = q\mu_p p\,\mathbf{E} = qv_p p \qquad \text{mit } v_p = \mu_p \mathbf{E}, \tag{8.17}$$

$$0 = +\frac{1}{q}\left(\frac{\partial j_n}{\partial x}\right) - R + G,$$

$$0 = -\frac{1}{q}\left(\frac{\partial j_p}{\partial x}\right) - R + G \qquad (8.18)$$

und vereinigt sie zu

$$\left(\frac{\partial \Delta n}{\partial x}\right) = +\frac{1}{v_n}(R - G),$$

$$\left(\frac{\partial \Delta p}{\partial x}\right) = -\frac{1}{v_p}(R - G). \qquad (8.19)$$

Im i-Bereich gilt die RLZ-Rekombinationsrate nach SHOCKLEY, READ und HALL

$$R = \frac{np - n_i^2}{\tau_n(p + p_t) + \tau_p(n + n_t)}. \qquad (8.20)$$

Im Durchlaßbereich ($n \cdot p \gg n_i^2$), d.h. im Generatorbereich einer Solarzelle und für Rekombinationszentren im Bereich der Mitte der Beweglichkeitslücke ($p_t \approx n_t \approx n_i$) vereinfacht sich Gl. 8.20 zu

$$R \approx \frac{np}{\tau_n p + \tau_p n}. \qquad (8.21)$$

Die anfangs erwähnte bereichsweise *(regionale) Approximation* der Überschußrekombinationsrate soll nun jeweils von der Grenze des i-Gebietes bis zur Mitte $x = x_c$ gelten, von wo ab die Rekombinationsrate R durch die jeweils andere Trägerverteilung bestimmt wird. Physikalisch soll diejenige Überschußladungsträgerart geringerer Konzentration die Ortsprofile der Rekombinationsrate bestimmen, also die Elektronen in der Nähe des p^+-Kontaktes, die Löcher am n^+-Kontakt

$$0 \leq x \leq x_c: \ p > n: \quad R = \frac{n}{\tau_n + \tau_p \cdot n/p} \approx \frac{n}{\tau_n} \approx \frac{\Delta n}{\tau_n},$$

$$x_c \leq x \leq d: \ n > p: \quad R = \frac{p}{\tau_p + \tau_n \cdot p/n} \approx \frac{p}{\tau_p} \approx \frac{\Delta p}{\tau_p}. \qquad (8.22)$$

Damit ergeben sich zwei inhomogene Differentialgleichungen 1. Ordnung für die beiden Dichten der Ladungsträgerarten $n(x)$ und $p(x)$ in den Teilbereichen, in denen diese als Minoritätsträger die Rekombination begrenzen: die Elektronen in der Nachbarschaft des p^+-Kontaktes bis $x < x_c$

$$0 \leq x \leq x_c: \quad \left(\frac{\partial \Delta n}{\partial x}\right) - \frac{\Delta n}{v_n \tau_n} = -\frac{1}{v_n} G, \qquad (8.23a)$$

die Löcher in der Nachbarschaft des n^--Kontaktes ab $x > x_c$

$$x_c \le x \le d: \quad \left(\frac{\partial \Delta p}{\partial x}\right) + \frac{\Delta p}{v_p \tau_p} = +\frac{1}{v_p} G. \tag{8.23b}$$

Bei $x = x_c$ ergibt sich eine maximale Rekombinationsrate. Die hier gewählte Vorgehensweise des bereichsweisen Ansatzes der Rekombinationsraten hat der Methode den Namen *regionale Approximation* gegeben. Man errechnet zunächst die homogenen Lösungen, dann zieht man das Störglied (rechte Seiten von Gl. 8.23) über die Methode der Variation der Konstanten in die Lösung mit hinein. Zum Schluß bestimmt man über die Randbedingungen (RB) die Konstanten. Dafür wird angenommen, daß die Konzentration der Überschußminoritätsträger bis zu dem jeweiligen Kontakt auf Null abgesunken ist

$$\text{RB1:} \quad \Delta n(x{=}0) = 0, \qquad\qquad \text{RB2:} \quad \Delta p(x{=}d) = 0. \tag{8.24}$$

So erhält man die Gesamtlösungen (s. Abb. 8.8)

$0 \le x \le x_c:$ $\Delta n(x) = G\,\tau_n\!\left(1 - e^{-x/l_n}\right)$, mit der Elektronendriftlänge $l_n = v_n \tau_n$ und

$x_c \le x \le d:$ $\Delta p(x) = G\,\tau_p\!\left(1 - e^{-(d-x)/l_p}\right)$, mit der Löcherdriftlänge $l_p = v_p \tau_p$.

$$\tag{8.25}$$

Dabei wurde wegen der geringen Weite der Randschichten $d_i = d$ gesetzt. Setzt man nun diese Lösungen wieder in die Gleichung für die Rekombinationsrate Gl. 8.21 ein, so erhält man lineare Näherungen für die Überschußladungsträgerdichten

$$x < l_n: \quad 1 - e^{-x/l_n} \approx 1 - 1 + \frac{x}{l_n} = \frac{x}{l_n} \quad \text{und}$$

$$d - x < l_p: \quad 1 - e^{-(d-x)/l_p} \approx 1 - 1 + \frac{d-x}{l_p} = \frac{d-x}{l_p}, \tag{8.26}$$

$$R(x) \approx \frac{G(d-x)x}{\mathrm{E}\left[\mu_n \tau_n (d-x) + \mu_p \tau_p x\right]}. \tag{8.27}$$

Es gilt am Orte maximaler Rekombination x_c

$$R(x{=}x_c) = \frac{p(x_c)}{\tau_p} = \frac{n(x_c)}{\tau_n}, \qquad \text{also } x_c = d\,\frac{l_n}{l_n + l_p} = d\,\frac{d - l_p}{l_n + l_p}. \tag{8.28}$$

Hier erkennt man, daß die Ladungsträgerart mit der größeren Driftlänge die Rekombinationseigenschaften in der Solarzelle dominiert, wenn z.B. $l_n \gg l_p$ gilt, ist $R \approx n/\tau_n$. Entsprechend unseren Anfangsbetrachtungen in Kap. 8.3 sollte die Gesamtdriftlänge

$$L_{\mathrm{Drift}} = l_n + l_p \tag{8.29}$$

mindestens der Probendicke d_i entsprechen.

Bevor wir die Berechnung der Photostromdichte abschließen, wollen wir unsere Annahme der Vernachlässigbarkeit des Diffusionsstromes überprüfen. Man erhält für die "Minoritätsträger" Elektronen im Bereich $0 \leq x \leq x_c$ mit der *EINSTEIN-Beziehung* $(D = \mu \cdot kT/q)$

$$\left|\frac{j_{Diff}}{j_{Feld}}\right|_n = \frac{q D_n \frac{dn}{dx}}{q \mu_n n \mathbf{E}} = U_T \cdot \left(\tfrac{1}{n}\tfrac{\partial n}{\partial x} \Big/ \mathbf{E}\right) . \tag{8.30}$$

Das Differential bestimmt man mit Gl. 8.25 und erhält

$$\left|\frac{j_{Diff}}{j_{Feld}}\right|_n = \frac{U_T}{E l_n} \cdot f(\xi) , \text{ wobei } f(\xi) = \frac{e^{-\xi}}{1 - e^{-\xi}} \text{ und } \xi = \frac{x}{l_n} . \tag{8.31}$$

Solange die Ortsfunktion $f(\xi)$ klein bleibt, ist der Diffusionsanteil vernachlässigbar. Mit der Annahme $l_n < d_i$ gilt

im intrinsischen Bereich $\qquad x \approx x_c \approx \tfrac{1}{2}d: \quad \xi \approx \tfrac{1}{2}\dfrac{d}{l_n} > 1 \quad \Rightarrow \quad f(\xi) \approx 0$

und im Kontaktbereich $\qquad x \approx 0: \qquad \xi \to 0 \qquad \Rightarrow \quad f(\xi) \to \text{groß}.$

Man erkennt, daß in der Tat der Spannungsabfall über eine Driftlänge $(\mathbf{E} \cdot l_n)$ im i-Gebiet groß ist gegenüber der thermischen Spannung U_T. Dies gilt jedoch nicht in Kontaktnähe bei $x = 0$ und $x = d_i$. Hier müssen Diffusionsanteile in Rechnung gesetzt werden.

Wir schließen jetzt die Kennlinienberechnung der a-Si:H-Solarzelle ab. Die Gesamtstromdichte setzt sich aus den Beiträgen beider Ladungsträgerarten zusammen

$$j = j_p(x) + j_n(x) = q v_p p(x) + q v_n n(x). \tag{8.32}$$

Mit den Gl. 8.25, 8.28 und 8.29 erhält man so an der Stelle $x = x_c$

$$\begin{aligned} j = j_p(x_c) + j_n(x_c) &= q G(l_n + l_p) \cdot \left[1 - e^{-d/(l_p + l_n)}\right] \\ &= q G L_{Drift} \cdot \left[1 - e^{-d/L_{Drift}}\right]. \end{aligned} \tag{8.33}$$

Die Spannungsabhängigkeit des Stromes der i-Schicht erkennt man mit Hilfe der Gl. 8.25, 8.17 und 8.10

$$U = U_L - U_A \quad \text{und} \quad U = \mathbf{E} \cdot d_i = \frac{v_n}{\mu_n} \cdot d_i = \frac{v_p}{\mu_p} \cdot d_i. \tag{8.34}$$

So erhält man mit $\mu \cdot \tau \equiv \mu_n \tau_n + \mu_p \tau_p$ sowie

$$l_n + l_p \equiv L_{Drift} = \left(\mu_n \tau_n + \mu_p \tau_p\right) \mathbf{E}$$

$$= \left(\mu_n \tau_n + \mu_p \tau_p\right)\frac{U}{d_i} \equiv \mu \tau \frac{U}{d_i} \tag{8.35}$$

die Beziehung für die spektrale Photostromdichte der pin-Solarzelle mit der nach außen wirksamen Spannung $U_A = U_L - U$

$$j_{phot}\left(U_A, E_0(\lambda)\right) = j_{sat}\left(E_0(\lambda)\right) \cdot \left(\frac{U_L - U_A}{U_{pin}}\right) \cdot \left[1 - e^{-U_{pin}/(U_L - U_A)}\right]$$

$$\text{mit} \quad j_{sat}\left(E_0(\lambda)\right) = qGd_i = (1-R) \cdot E_0 \cdot \frac{q\alpha\lambda}{hc} \cdot d_i \quad \text{und} \quad U_{pin} = \frac{d_i^2}{\mu\tau}$$

$$\text{sowie} \quad U_L - U_A = U \qquad \text{mit} \quad U_L \approx U_T \cdot \ln\left(\frac{p_0^+ n_0^+}{n_i^2}\right). \tag{8.36}$$

Für U_L kann näherungsweise die Diffusionsspannung U_D (Gl. 8.13) angesetzt werden. Die Gesamtkennlinie ergibt sich entsprechend Gl. 8.12 aus den Anteilen Gl. 8.16 und Gl. 8.36. Die Abb. 8.9 zeigt nach diesem Modell numerisch errechnete Kennlinien, die abschließend bewertet werden sollen.

Zunächst ist es angesichts der sehr groben Vereinfachungen bereits ein hoher Gewinn, den Generatorquadranten der Kennlinie einer a-Si:H-Solarzelle überhaupt geschlossen beschreiben zu können. Es lassen sich i-Schichtdicken des a-Si:H-Materials entsprechend Gl. 8.11 abschätzen, und man erkennt, daß für realistische Parameterwerte $\mu \approx 0{,}1$ cm^2 V^{-1} s^{-1}, $\tau \approx 10^{-8}...10^{-6}$ s und $\mathbf{E} \approx 10^3...10^4$ V/cm eine Schichtdicke $d \leq 1$ µm angemessen ist.

Andererseits lassen sich Feinheiten der spektralen Verläufe, wie sie die Abb. 8.10 zeigt, mit dem CRANDALL-Modell nicht nachbilden. Dort werden die Ergebnisse von Messungen und numerischen Rechnungen angegeben. In den Darstellungen dieser Abbildung sind I(U)-Verläufe für pin-Solarzellen auf den Wert I(U = -1 V) normiert worden. Dadurch erhält man einen *Sammelwirkungsgrad*

$$q(\lambda, U) = -\frac{Q(\lambda, U)}{Q(\lambda, U = -1\text{V})}. \tag{8.37}$$

Darüber ist der externe Quantenwirkungsgrad

$$Q_{ext}(\lambda, U) = \frac{hc}{q\lambda} \cdot \frac{j(U)}{E} \tag{8.38}$$

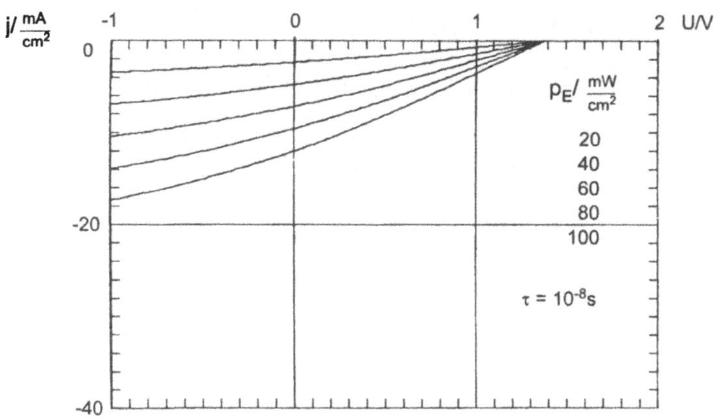

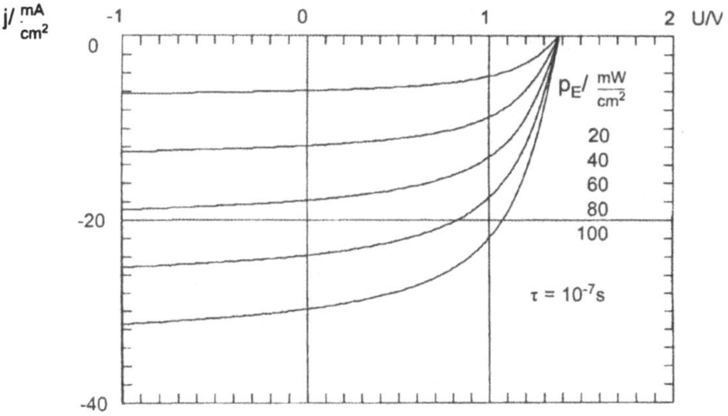

Abb. 8.9: Generator-Kennlinien von pin-Solarzellen aus amorphem Silizium. Unterschiedliche Generationsrate G als Parameter, oben geringe und unten größere Lebensdauer τ.

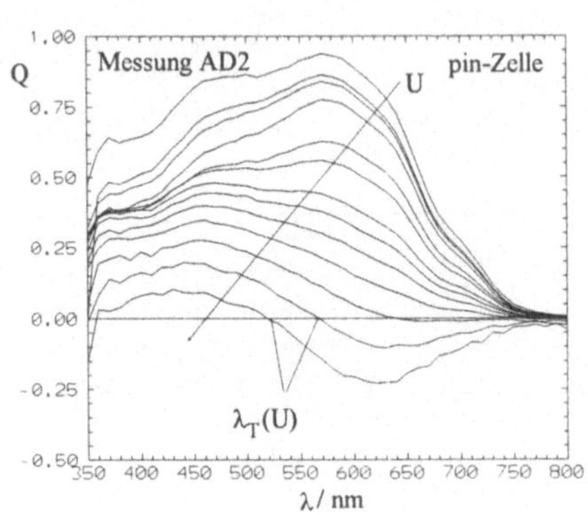

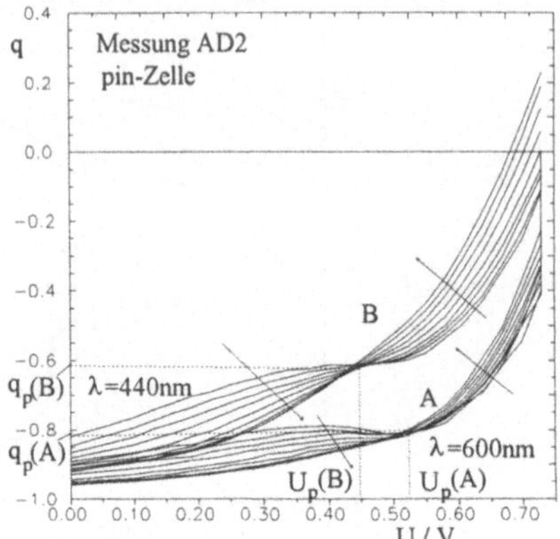

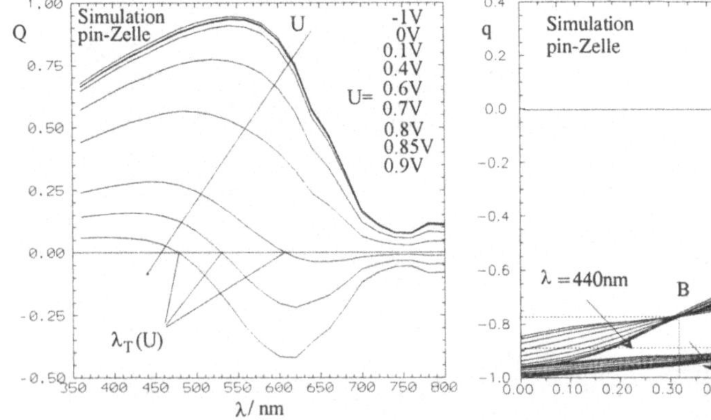

Abb. 8.10: Spektrales Generatorverhalten von pin-a-Si:H-Solarzellen.
oben: Messung, unten: Simulation.
Links Quantenwirkungsgrad Q(λ), Parameter: Spannung U,
rechts interner Sammelwirkungsgrad q(U), Parameter λ. Solarzellen im
regenerierten Zustand A und im degradierten Zustand B nach 64 h AM1-
Bestrahlung /8.5/.

angegeben. Dieser wurde zunächst nach Gl. 4.23 definiert. Diese Definition wurde hier jedoch erweitert, so daß der Kurzschlußpunkt verlassen und bei unterschiedlicher Spannung U gemessen werden kann. Der Übergang vom *primären* ($I_{phot} < 0$) zum *sekundären* ($I_{phot} > 0$) Photostrom verschiebt sich mit der Wellenlänge λ, ebenfalls für ungealterte und gealterte Proben [8.6]. Nur eine genaue numerische Simulation vermag derartige Feinheiten nachzubilden und dabei Aufschluß über die physikalischen Einzelheiten des Ladungstransportes zu erbringen. Dabei entsteht dann ein geschlossenes Bild des Zusammenwirkens von Diffusions- und Feldstrom beider Ladungsträgersorten bei beliebigen Wellenlängen und für Bestrahlung mit Weißlicht.

Trotzdem spielt die CRANDALLsche Beschreibung einer pin-Diode eine außerordentlich anregende Rolle für die Theorieentwicklung. Hier wird eine Gegenposition zur ursprünglichen SHOCKLEYschen Beschreibung einer pn-Diode gebildet. Der pin-Photo-Gesamtstrom entsteht bei CRANDALL aus dem Feldstrom beider Ladungsträgerarten am Orte gleicher Rekombinationsraten. Bei SHOCKLEY entsteht der pn-Gesamtstrom aus der Summe von Minoritätsträger-Diffusionsströmen am Rande der rekombinationsfreien Raumladungszone.

8.4. Präparation

a-Si:H-Solarzellen können sowohl als pin- als auch als nip-Bauelemente aufgebaut werden. Der erste Buchstabe der Schichtenfolge bezeichnet dabei die Schicht, auf die das Sonnenlicht fällt. Dabei bleibt grundsätzlich offen, auf welchem Trägermaterial die a-Si:H-Solarzelle aufgebaut und ob die a-Si:H-Schichtenfolge durch einen transparenten Träger hindurch beleuchtet wird oder aber auf einem undurchsichtigen Substrat abgeschieden wird.

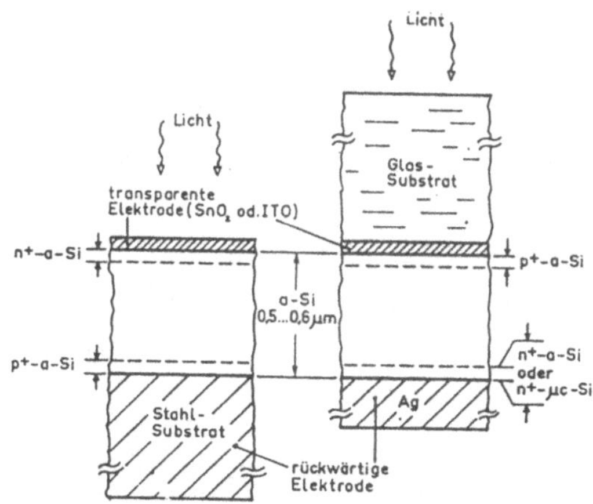

Abb. 8.11:   Aufbauvarianten von a-Si:H-Solarzellen: links: <u>auf</u> Stahlsubstrat, rechts: <u>unter</u> Glassubstrat.

Die Abb. 8.11 zeigt die beiden Aufbauvarianten. Links ist eine nip-Solarzelle auf einem undurchsichtigen Stahlsubstrat, rechts eine pin-Solarzelle hinter einem transparenten Glassubstrat dargestellt. Die Vorderseiten-Metallisierung besteht in beiden Fällen aus einem lichtdurchlässigen Material, das gleichzeitig eine gute elektrische Leitfähigkeit aufweist (z.B. Zinnoxid (SnO_2) oder Indiumzinnoxid (engl.: indium tin oxide, ITO)). Derartiges Material wird als TCO bezeichnet (engl.: transparent conductive oxide). Die rückseitige Metallisierung besteht aus einer Eisenelektrode (links) bzw. aus einer Silber- oder Aluminiumelektrode (rechts). Ferner ist rechts als Variante vermerkt, daß die Dünnschicht-n^+-Elektrode durch gezielte technologische Behandlung aus dem amorphen (a) in den mikrokristallinen (µc) Zustand überführt werden kann. Der im Vergleich zum amorphen geringere Bandabstand des mikrokristallinen Materials begünstigt die Strahlungsabsorption unterhalb der a-Si:H-Beweglichkeitslücke ($\Delta W_{a\text{-}Si:H} \approx$ 1,72 eV, $\Delta W_{\mu c\text{-}Si} = 1,12$ eV). Für die weitere Betrachtung wählen wir die Glas-pin-Aluminium-Schichtenfolge (Abb. 8.11 rechts). Großflächig abgeschiedene a-Si:H-Solarzellen lassen sich sehr einfach in Streifen aufbauen, die untereinander seriell verschaltet sind.

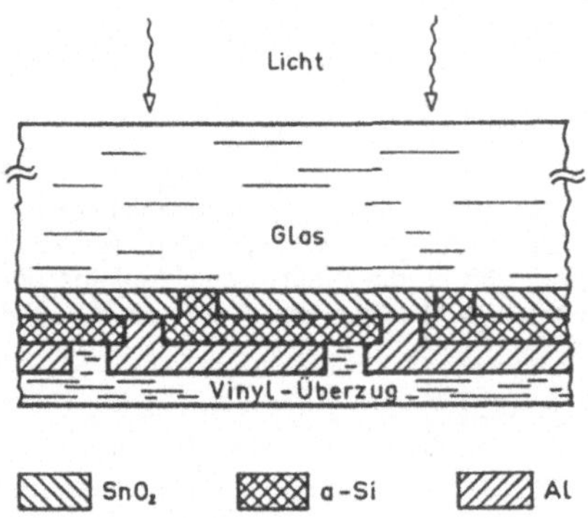

Abb. 8.12:   Serienverschaltung von a-Si:H-Solarzellen durch versetzte Ritzung ("Furchen").

Die Abb. 8.12 zeigt eine Technik, bei der durch örtlich gegeneinander versetzte Unterbrechungen in den aufeinanderfolgenden Schichten die Serienschaltung erreicht wird und so a-Si:H-Solarzellen-Module hergestellt werden. Zuerst wird die SnO_2-Elektrode abgeschieden. Dann werden - z.B. durch einen Laserstrahl - Furchen hergestellt (Breite $\approx 0,5$ mm) (s. auch Abb. 8.14 / Schritte 1 und 2). Sukzessive wird die pin-Schichtenfolge abgeschieden und wiederum geritzt. Die neuen Furchen werden gegenüber den SnO_2-Furchen seitlich versetzt (Abb. 8.14 / Schritte 3 und 4). Schließlich wird eine Aluminium-Rückseiten-Elektrode aufgebracht und ebenfalls versetzt gefurcht (Abb. 8.14 / Schritte 5 und 6). Das Solarzellen-System ist nun aufgebaut und muß lediglich noch gegenüber atmosphärischen Einflüssen durch eine Polymer-Beschichtung verschlossen werden. Man erkennt deutlich die Serienverschaltung der einzelnen voneinander getrennten a-Si:H-Bereiche. Wichtig für eine gute Funktion ist, daß die

SnO$_2$-Leitfähigkeit größer ist als diejenige der beleuchteten a-Si:H-Schichten, damit der größere Strom über die SnO$_2$/Al-Verbindungen läuft und nicht über die SnO$_2$/a-Si:H/SnO$_2$-Verbindungen kurzgeschlossen wird. Der Aufbau nach Abb. 8.12 ist dafür weniger anfällig als derjenige der Abb. 8.14.

Ein Produktionsablauf von a-Si:H-Solarzellen ist in Abb. 8.13 dargestellt. Er beschreibt von links oben nach rechts unten die Arbeitsschritte. Dabei werden aus 1/8"-dickem Fensterglas serienverschaltete a-Si:H-Solarzellen mit einer (Maximal-) Größe von einem Quadratfuß (30,5 x 30,5 cm$^2 \approx 0,09$ m^2) hergestellt. Die heutzutage angewandten a-Si:H-Abscheide-Systeme unterscheiden sich im Hinblick auf die Anzahl der Abscheidekammern. Meist findet man Mehrkammersysteme (wie in Abb. 8.13), bei denen die Gefahr der Verschleppung von Verunreinigungen (z.B. der Dotierstoffe) geringer ist als in einfacheren Einkammer-Systemen.

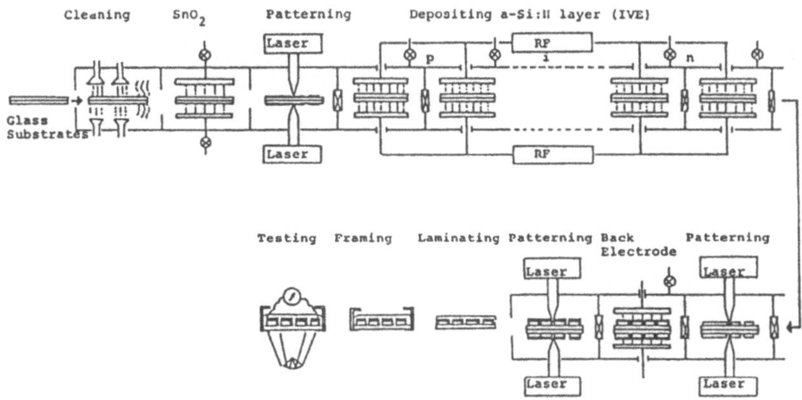

Abb. 8.13: Schema eines Produktionsablaufes zur Herstellung von a-Si:H-Solarzellen im 3-Kammer-Verfahren /8.8/.

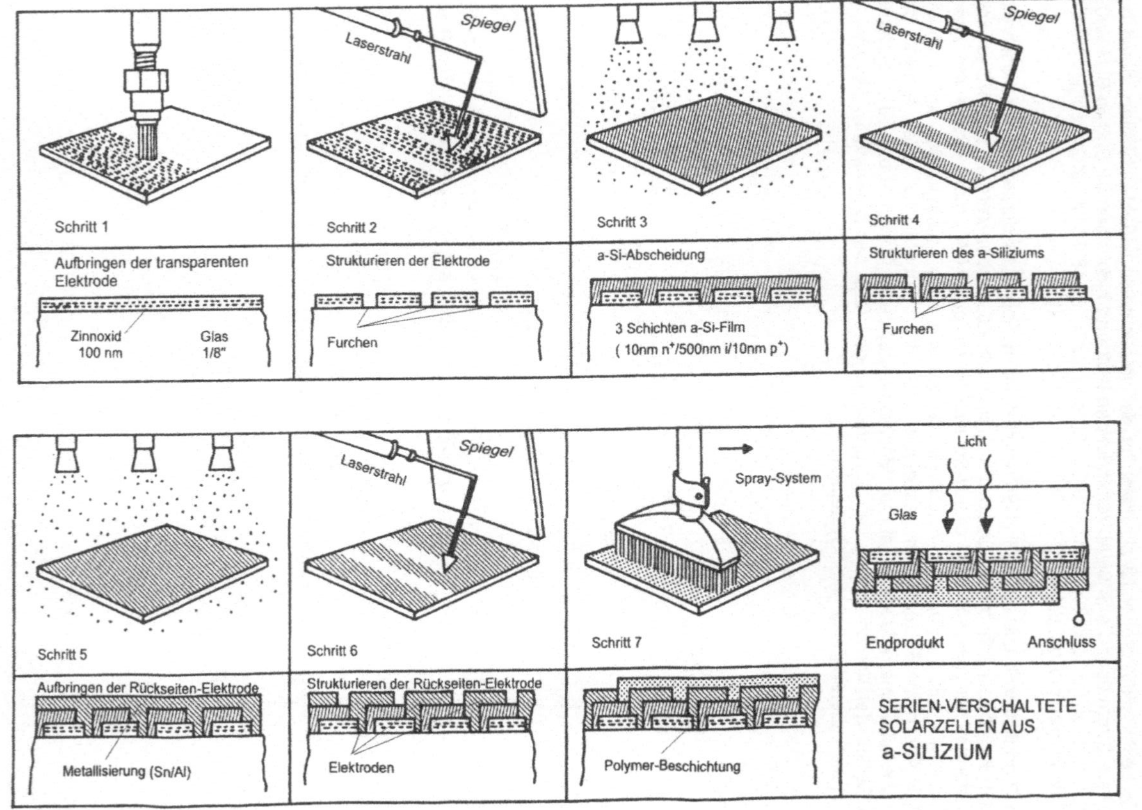

Abb. 8.14:   Produktionsschritte zur Herstellung von a-Si:H-Solarzellen-Modulen /8.7/.

8.5. Verringerung der Degradationseffekte

Leider weisen Solarzellen aus amorphen Silizium gerade zu Betriebsbeginn ein starkes Absinken des Wirkungsgrades auf, das auf physikalische Vorgänge im amorphen Netzwerk zurückzuführen ist (STAEBLER-WRONSKI-Effekt). Daher ist der wichtigste Gesichtspunkt bei der Weiterentwicklung von a-Si:H-Dünnschicht-Solarzellen die Verringerung der Degradation. Es hat sich gezeigt, daß amorphe Halbleiter mit geringerem Bandabstand als a-Si:H-Material und vor allem pin-Bauelemente mit kleinerer Breite der i-Zone eine verringerte Degradation zeigen. Dies hat zur Entwicklung von *Stapel-Solarzellen* (a-Si:H auf a-Si:H mit $d_i \approx 100...200\,nm$), *Tandem-Solarzellen* (a-SiC:H/a-Si:H auf a-Si:H/a-Si$_x$Ge$_{1-x}$:H) und *Drei-Barrieren-Solarzellen* (a-SiC:H/a-Si:H/a-Si$_{1-x}$Ge$_x$:H) geführt (Abb. 8.15).

Dabei wird die Staffelung der einzelnen Schichten aufeinander entsprechend ihrem Bandabstand ΔW im Sinne optischer Fenster ausgenutzt. Es gilt bei $T = 300\,K$: $\Delta W_{a\text{-}Si:H} = 1,72\,eV$, $\Delta W_{a\text{-}SiGe:H} = 1,0...1,72\,eV$ und $\Delta W_{a\text{-}SiC:H} \leq 2,5\,eV$. Labormuster solcher Bauelemente erreichen Wirkungsgrade von bis zu $\eta \leq 13,7\%$.

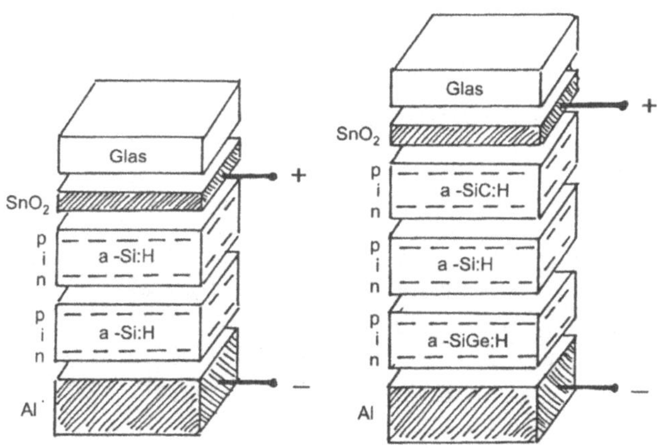

Abb. 8.15:   Stapel-Solarzelle (gleicher Bandabstand) und Tandem-Solarzelle (nach unten abnehmender Bandabstand) aus amorphen Dünnschicht-Halbleitern.

8.6. Herstellung von a-Si:H-Solarzellen

Ausgangsmaterial:	1/8" Fensterglas, Fläche: ein Quadratfuß, hochreines Silan (SiH_4, gasförmig).

1. Behandlung des Glas-Substrates: Schneiden, Reinigen (in H_2O deion.), Trocknen.

2. Vorderseitenkontakt: *SnO_2, lichtdurchlässig*

Siebdruck und Einsintern von Kontaktstreifen für Außenanschlüsse an Scheibenkanten.

SnO_2-CVD-Abscheidung auf die gesamte Scheibe, ARC-Wirkung durch granulare Oberfläche.

Streifenweise Strukturierung des SnO_2-Kontaktes mit Nd-YAG-Laser ("patterning" s. Abb. 8.14).

3. a-Si:H-CVD-Abscheidung: *Beladen und Vorheizen*

Sequentielle Abscheidung der pin-Struktur in drei Kammern. Jeweils zwei Substrate befinden sich Rücken an Rücken in sogenannten Box-Carriers bei der Abscheidung von
1.) Phosphor-dotiertem n^+-a-Si:H,
2.) undotiertem (d.h. ν-leitendem (s. Abb. 8.7)) a-Si:H,
3.) Bor-dotiertem p^+-a-Si:H.

Streifenweise Strukturierung der a-Si:H-Schicht mit Nd-YAG-Laser (oder mechanisch).

4. Rückseitenkontakt: *Al*

Al-Abscheidung im Vakuumsystem.

Streifenweise Strukturierung der Metallisierung mit Nd-YAG-Laser (oder mechanisch).

5. Einkapselung: *"framing" s. Abb. 8.14*

Beschichtung mit Vinyl-Überzug.

6. Voralterung und Test: 64 Stunden AM1-Beleuchtung aller Solarzellen,

Blitzlicht-Test der Module.

Produkt:	Module aus bis zu 30 serienverschalteten a-Si:H-Solarzellen (i-Schichtdicke $\approx$ 0,6 µm, $L_{drift} \leq$ 0,6 µm), Fläche: 1 sqft = 0,093 m^2, elektrische Leistung (vorgealtert) 6 W$_p$, mittlerer Wirkungsgrad:

$\overline{\eta_0}$ (AM1 / 25 °C / 1 cm^2) $\leq$ 10%,

$\overline{\eta_0}$ (AM1 / 25 °C/ 1 sqft) $\leq$ 7%,

$\overline{\eta}$(AM1 / 25 °C / 2 a)/$\overline{\eta_0}$ $\leq$ 0,85 .

Die spektrale Empfindlichkeit S und Generator-Kennlinien I(U) für aus unterschiedlichem Material gefertigten Solarzellen zeigt Abb. 8.16. In Abb. 8.17 ist nochmals verdeutlichend die Zusammensetzung des a-Si:H-Solarzellenstromes aus spannungsabhängigem Dunkel- und Photostrom dargestellt.

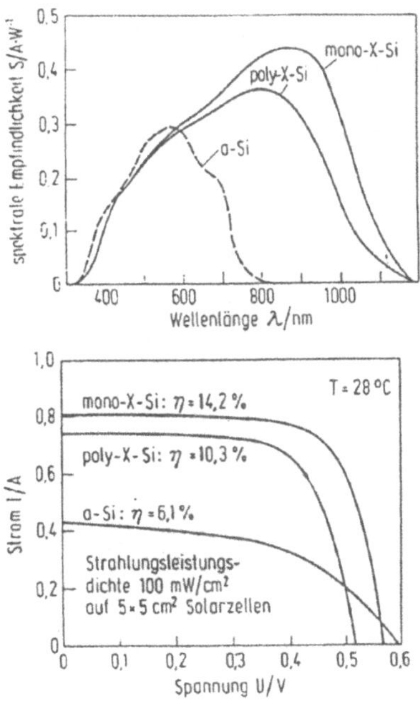

Abb. 8.16: Spektrale Empfindlichkeit S (oben) und Generator-Kennlinien I(U) (unten) für c-Si, poly-Si und a-Si:H-Solarzellen.

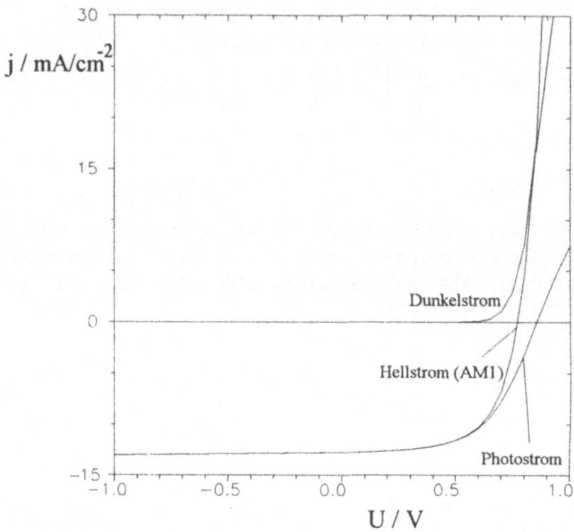

Abb. 8.17: Generator-Kennlinie (Hellstrom) einer a-Si:H-Solarzelle, aufgegliedert nach spannungsabhängigem Dunkel- und Photostrom.

9. Alternative Solarzellen-Konzepte

Alle Solarzellen, die wir bisher in diesem Buch kennengelernt haben, sind mit einem Nachteil behaftet: sie sind zu teuer! Man kann die Gesetzgebung beklagen oder mit Hinweis auf die Ökobilanz der Photovoltaik /9.1/ und die Subventionierung anderer Energieträger politische Maßnahmen fordern /9.2/. Kein Weg führt jedoch an Forschungsanstrengungen zur Herstellung preisgünstigerer und effektiverer Solarzellen vorbei. Deshalb werden auch in der Zukunft neue Materialien und Bauelement-Konzepte untersucht werden müssen. Einige zur Zeit diskutierte Alternativen sollen in diesem abschließenden Kapitel vorgestellt werden.

9.1. MIS-Solarzelle aus kristallinem Silizium

Eine der Strategien, deren Markteinführung unmittelbar bevorsteht, ist die MIS-Solarzelle (Metal Insulator Semiconductor). Bei der MIS-Solarzelle wird eine Oberflächen-Inversionsschicht des p-dotierten c-Si-Materials zur Ladungstrennung der lichterzeugten Elektron-Loch-Paare benutzt. Eine durchtunnelbare SiO_2-Schicht ($d_{ox} \approx 1,3$ nm) liegt unter dem Al-Kontakt (Abb. 9.1). Die negative Ladung der Oberflächen-Inversionsschicht (auf dem p-Typ c-Si) wird durch positiv geladene Cäsium-Ionen in der SiO_2-Schicht und dem zusätzlichen Isolator eingestellt. Durch Vorder- und Rückseitenbehandlung entsteht eine zweiseitige photovoltaische Empfindlichkeit ("bifacial MIS-photovoltaic sensitivity" /9.3/). Der im Vergleich zum np-Übergang geringere technologische Aufwand zur Herstellung der Oberflächen-Inversionsschicht bei Temperaturen T < 500 °C macht bei vergleichbarem Wirkungsgrad (η_{AM1} = 15% für Bestrahlung durch die Vorderseite, 13% bei Lichteinfall durch die Rückseite) die MIS-Solarzelle sehr interessant für eine großtechnische Herstellung.

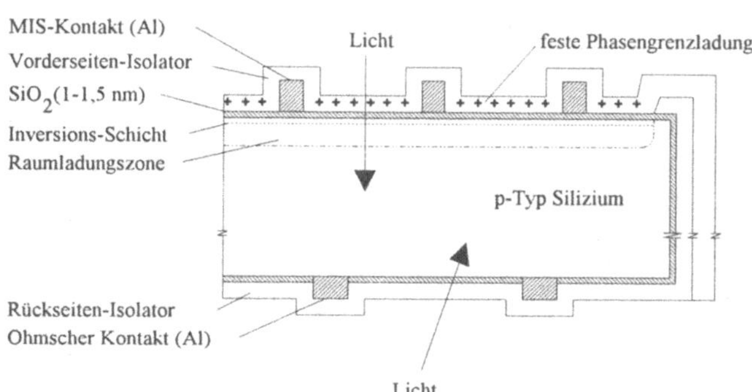

Abb. 9.1: Beidseitig empfindliche („bifacial") MIS-Solarzelle (nach Hezel /9.3/).

9.2. Solarzellen aus Kupfer-Indium-Diselenid (CuInSe$_2$)

CuInSe$_2$ (CIS) ist ein vielversprechendes Material für preiswerte Dünnschicht-Hochleistungs-Solarzellen, sowohl als Einzelelement als auch in serienverschalteter Anordnung für Module (s. dazu Serienverschaltung von a-Si:H-Modulen, Kap. 8.4). Bei einem Bandabstand von ΔW = 1,02 eV (vgl. Gl. 5.17) wird die optimierte Photostromdichte von Silizium übertroffen (j_{opt}(CIS) $\approx$ 51 mA/cm^{-2}). Der Absorptionskoeffizient $\alpha(\lambda)$ weist für Energien oberhalb der Absorptionskante einen für direkte Halbleiter charakteristischen Steilanstieg auf, so daß für die Herstellung effizienter photovoltaischer Bauelemente Schichtdicken von nur wenigen Mikrometern benötigt werden. Ein typischer Schichtaufbau (Abb. 9.2) sieht eine 2 .. 3 µm hochabsorbierende polykristalline CIS-Schicht vor, die mit einer dünnen ($\approx$ 50 nm) CdS-Schicht einen Heteroübergang bildet, dessen elektrisches Feld die Ladungsträgertrennung ermöglicht. Den Vorderseitenkontakt mit den Gridfingern obenauf bildet eine 1,5 µm dicke ZnO-Schicht, den Rückseitenkontakt eine Molybdän-Schicht auf einem isolierenden Substrat (z.B. Glas). Die dünne CdS-Schicht trägt aufgrund ihres hohen Bandabstandes von etwa 2,5 eV kaum zur Absorption bei, die Ladungsträgergeneration erfolgt im CIS. Der ZnO-Kontakt kann zur Reduzierung der Reflexionsverluste mit einer Oberflächentexturierung versehen werden. Auf diese Weise erhält man CIS-Solarzellen [9.4], die bei AM1,5 Standardbedingungen einen Wandlungswirkungsgrad von bis zu η = 14% aufweisen. Obwohl neueste veröffentlichte Ergebnisse zeigen, daß dieser Wert noch übertroffen werden kann, gibt es bislang keine nennenswerte industrielle Produktion von CIS-Solarzellen. Viele Bemühungen richten sich darauf, das giftige Schwermetall Cadmium aus diesen Bauelementen zu verbannen.

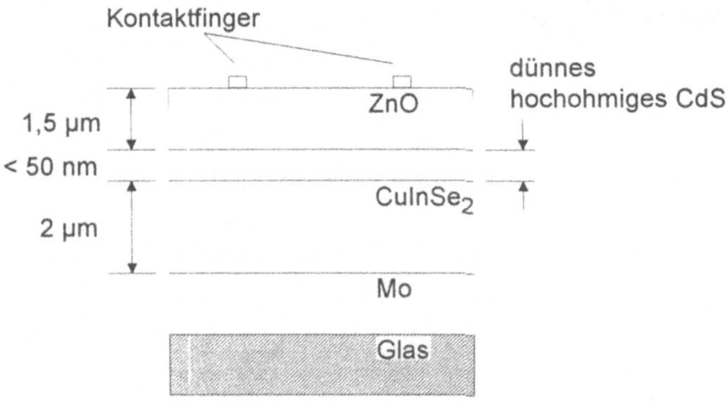

Abb. 9.2:   Prinzipieller Aufbau einer Solarzelle aus CuInSe$_2$.

9.3. a-Si:H/c-Si-Solarzellen

Wie schon bei der MIS-Solarzelle wird auch in a-Si:H/c-Si-Strukturen eine gegenüber dem konventionellen Aufbau einer kristallinen Solarzelle veränderte Strategie zum Aufbau des Ladungsträger trennenden Feldes verfolgt. Dieses wird an der Oberfläche des c-Si (n-Typ) durch CVD-Abscheidung sehr dünner Schichten von zunächst intrinsischem und schließlich p-dotiertem amorphen Silizium erzeugt. Die Gesamtdicke des a-Si:H liegt unter 20 nm, daher findet die Ladungsträgergeneration überwiegend im c-Si statt. Entsprechend hat die Instabilität des amorphem Siliziums keine Auswirkung auf den Betrieb dieser Solarzelle. Vorteilhaft an solchen Bauelementen ist, daß sich bei Ausnutzung aller positiven Eigenschaften des c-Si eine starke Vereinfachung des Präparationsprozesses ergibt. Alle zeit- und kostenintensiven Hochtemperaturschritte (Oxidationen, Diffusion des Emitters und des BSF) können durch Schichtabscheidungen bei Substrattemperaturen unter 200°C ersetzt werden. Die aufwendige Photolithographie kann ebenfalls auf ein Minimum (zur Strukturierung der vorderseitigen Stromabführung aus dem TCO) reduziert werden. AM1,5-Wirkungsgrade bis zu 18.7% sind an a-Si:H/c-Si-Solarzellen demonstriert worden [9.5]. Die technologische Herausforderung dieses Bauelement-Types besteht z. Zt. in der Beherrschung der benötigten Schichtdicken und des Heteroüberganges an der Phasengrenze zwischen dem amorphen und dem kristallinen Silizium.

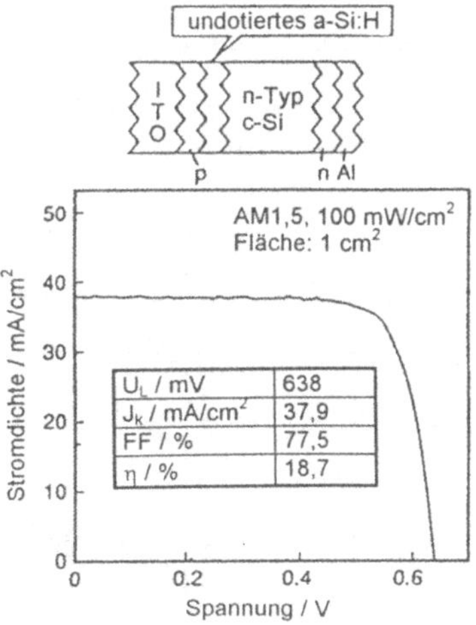

Abb. 9.3:   Struktur und Generatorkennlinie einer a-Si:H/c-Si-Solarzelle (nach Tanaka et al.) [9.5].

9.4. Kugelelement-Solarzelle

Eine vollständig neuartige Technologie von Solarzellen ist diejenige der Kugelelement-Solarzelle (engl.: spheral solar cell) /9.6/. Sie beinhaltet gleichzeitig eine Reinheitsverbesserung von metallurgischem Silizium (MGS, s. Abb. 6.1) und einen völlig neuartigen Solarzellenaufbau. Nach dem mechanischen Mahlen des MGS-Materials wird das Pulver erhitzt und geschmolzen, so daß die Oberflächenspannung kleine Kügelchen formt. Nach dem Wiedererstarren werden die Kügelchen oxidiert und anschließend auf eine Temperatur von über 1300 °C gebracht, bei der das Silizium-Volumen schmilzt, die SiO_2-Oberfläche aber fest bleibt. Beim erneuten Wiedererstarren segregieren viele Verunreinigungsatome in der SiO_2-Deckschicht. Schleift man die Oberflächenschicht mechanisch ab, so erhöht man die Reinheit des verbleibenden Si-Materials. Die Prozedur Oxidieren, Schmelzen, Erstarren, Schleifen wird im Sinne der Si-Raffination wie beim Zonenreinigen mehrfach durchgeführt ("silicon upgrading"). Schließlich hat man Si-Kügelchen mit typisch 0,75 mm Durchmesser. Durch einen Rest-Bor-Gehalt sind diese p-leitend. Sie werden nun einer Phosphordiffusion unterzogen und erhalten damit einen sphärischen np-Übergang. Die Abb. 9.4 beschreibt die Prozeßschritte, um aus np-Si-Kugeln auf Al-Folie Solarzellen zu erzeugen. In vorgestanzte Löcher der Al-Folie werden die np-Si-Kugeln eingesetzt (Schritte 1/2) und rückseitig abgeschliffen, um das p-leitende Kugelinnere freizulegen (Schritt 3). Die Aufbringung einer Kunststoff-Zwischenschicht (Schritte 4/5/6) zur Isolation der n-Si-Frontseite, die Beseitigung von Shunts (Schritt 7) und die Kontaktierung einer zweiten isolierten Al-Folie mit dem p-leitenden Kugelinneren (Schritte 8/9) schließen die Fertigung ab. Man erhält mechanisch flexible MGS-Si-Solarzellen mit η = 10% für A = 10 cm^2.

Eine Pilotfertigung für sphärische Solarzellen ist seit Ende 1991 in Dallas, Texas, eingerichtet. Die Übertragung der Ergebnisse an Labormustern in die Produktion birgt jedoch Probleme in sich, die z. Zt. noch nicht gelöst sind. Die Herstellerfirma ist dennoch zuversichtlich, bis Ende 1995 in die Massenproduktion übergehen zu können.

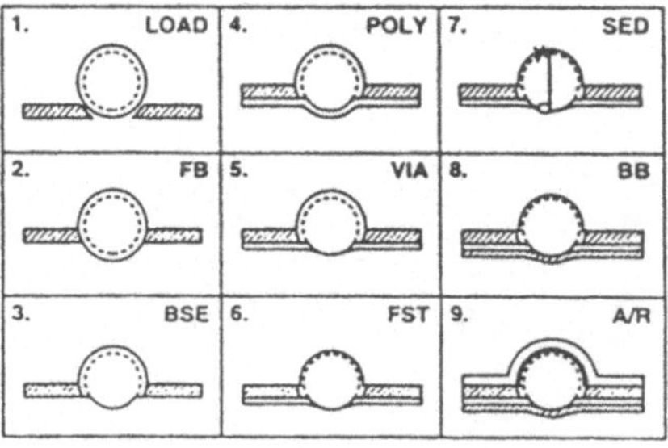

Abb. 9.4:   Herstellungsablauf einer Kugelelement-Solarzelle /9.6/.

9.5. Elektrochemische Solarzellen

Schließlich soll auf eine Vorgehensweise zur photovoltaischen Energiewandlung verwiesen werden, die sich keines halbleitenden Substrates bedient und in der Ladungsträgergeneration und -transport räumlich voneinander entkoppelt werden. Mit Hilfe elektrochemischer Zellen ist es gelungen, ähnlich wie bei der Photosynthese, Sonnenenergie in chemische Reaktionsprodukte zu überführen /9.7/. Die Abb. 9.5 zeigt die Anordnung von zwei Elektroden in einem Elektrolyten, die über eine Last miteinander verbunden sind. Das dem Sonnenlicht ausgesetzte, an seiner Innenseite elektrisch leitende Glas ist mit TiO_2-Partikeln bedeckt, die wiederum mit einem speziellen Pigment versehen sind. Dieses organische Pigment enthält Ruthenium-Atome, die von Kohlenstoff-Stickstoff-Ringverbindungen umgeben sind, ähnlich wie es beim Chlorophyll der Fall ist. Die photoempfindlichen Farbstoff-Moleküle absorbieren Photonen und setzen dabei Elektronen frei. Diese Elektronen fließen über den äußeren Kreis zur unbehandelten TiO_2-Gegenelektrode und kehren über den Elektrolyten (eine wäßrige Jodlösung) zur Ausgangselektrode zurück. Der Energiewandlungs-Wirkungsgrad beträgt in diesem Fall $\eta_{AM1,5} = 7...10\%$. Dem großen Vorteil solcher Solarzellen, dem sehr einfachen und daher preiswerten Herstellungsprozeß, steht zumindest zur Zeit der noch größere Nachteil gegenüber, daß sich der Elektrolyt während des Betriebes zersetzt und solche Bauelemente deshalb sehr instabil sind.

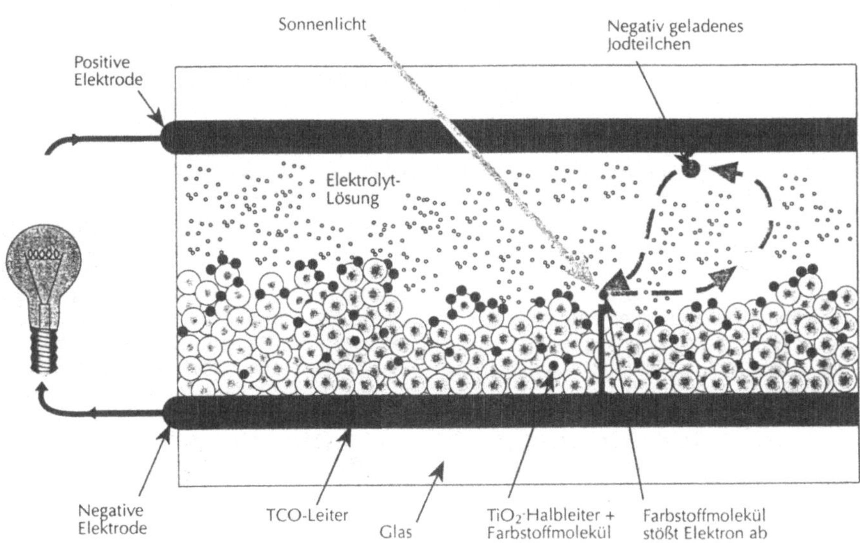

Abb. 9.5:   Elektrolytische Solarzelle mit Pigment-bedeckten TiO_2-Elektroden /9.8/.

10. Ausblick

In den Kapiteln dieses Buches wurden die Grundlagen der Photovoltaik-Strategien entwickelt. Besonderes Gewicht wurde auf die Darstellung technischer Entscheidungen gelegt, z.B. bei der Wahl von kristallinem gegenüber amorphem Silizium, von Silizium gegenüber Galliumarsenid, bei der Wahl der Ladungstrennung mit Hilfe elektrischer Felder an der Bauelement-Oberfläche, bei der Darstellung der Einflußgrößen, z.B. des Produktes $\alpha \cdot L_n$ bei np-c-Si-Solarzellen. Manche Details wurden dabei übergangen, um den "Roten Faden" in der Argumentation beizubehalten. Ein Anspruch auf Vollständigkeit wird deshalb nicht erhoben.

Eine Abschätzung der Technikfolgen der Photovoltaik ist unterblieben. Es sei jedoch angemerkt, daß auch die Solarzellentechnologie nicht entsorgungsfrei ist. Im Gegensatz zum Einsatz fossiler Brennstoffe, bei deren Verwendung die Entsorgung *während* der Energiewandlung stattfindet und der Kernenergie mit der ungeklärten Entsorgung *nach* der Wandlung erfolgt für Solarzellen die Entsorgung - vor allem der zur Präparation eingesetzten Chemikalien - *vor* der Energiewandlung. Es handelt sich in diesem Fall um eine überschaubare Technologie, die nicht zuläßt, die Beseitigung ihrer für Mensch und Umwelt negativen Auswirkungen und die damit verbundenen Kosten auf eine ungewisse Zukunft zu vertagen. Bei einer Jahresproduktion von 60 MW und einer installierten Gesamtleistung photovoltaischer Kraftwerke von 400 MW (Zahlen von 1992) sind die Entsorgungsprobleme noch nicht drängend, dennoch gibt es Anstrengungen, z.B. die Verwendung von organischen Lösungsmitteln bei der Herstellung zu vermeiden.

Ein weiterer wichtiger Gesichtspunkt zur Bewertung von photovoltaischen Bauelementen ist die „Erntezeit" (energy pay back time), die angibt, wie lange eine Solarzelle im Sonnenlicht als Generator arbeiten muß, um die Energie, die zu ihrer Herstellung notwendig war, wieder einzubringen. Diese Erntezeit im Verhältnis zur mittleren Standzeit ergibt den Erntefaktor als ein wichtiges Kriterium zur Bewertung unterschiedlicher Technologien. Gegenwärtig diskutierte Erntezeiten liegen in der Größenordnung eines oder weniger Jahre. Verläßliche Angaben sind jedoch nicht verfügbar, sondern Gegenstand von Untersuchungen [10.1]. Auch im Wettbewerb mit anderen Energiewandlungstechnologien kommt dem Erntefaktor besondere Bedeutung zu.

Bei allen hier dargestellten theoretischen Erwägungen gilt die technologisch realisierte Solarzelle als "Maß aller Dinge". Hier sind auch in Zukunft neben dem phantasievollen Ingenieursentwurf geduldige Präparationen erforderlich. Da an der gegenwärtigen Marktwirtschaft orientierte Überlegungen auch über die Marktbehauptung von photovoltaischen Energiewandlern entscheiden, muß bei Weiterentwicklungen vor allem auf preisgünstigere Produktionstechnik geachtet werden. Hier wird entschieden, ob die Photovoltaik lediglich eine Episode der modernen Energietechnik darstellen wird, oder ob sie einen nennenswerten Beitrag für eine langfristige und humane Energieversorgung der Menschheit zu leisten vermag.

<u>**Anhang**</u>

A.1. Lösung des Integrals zur Berechnung des Grenzwirkungsgrades

Das Integral

$$I = \int_{v_{gr}}^{\infty} \frac{v^2}{e^{hv/kT_S} - 1} \cdot dv \qquad\qquad (A1.1)$$

wird wie folgt gelöst. Zunächst kann der Integrand als unendliche Summe aufgefaßt werden

$$\frac{v^2}{e^{hv/kT_S} - 1} = \frac{v^2 \cdot e^{-hv/kT_S}}{1 - e^{-hv/kT_S}} = v^2 \cdot \sum_{n=1}^{\infty} e^{-n \cdot hv/kT_S} \;. \qquad\qquad (A1.2)$$

Das Summen- und das Integralzeichen können wegen gleichmäßiger Konvergenz vertauscht werden

$$I = \int_{v_{gr}}^{\infty} \left\{ v^2 \cdot \sum_{n=1}^{\infty} e^{-n \cdot hv/kT_S} \right\} \cdot dv = \sum_{n=1}^{\infty} \left\{ \int_{v_{gr}}^{\infty} v^2 \cdot e^{-n \cdot hv/kT_S} \cdot dv \right\}$$

$$= \sum_{n=1}^{\infty} \left\{ \int_{0}^{\infty} v^2 \cdot e^{-n \cdot hv/kT_S} \cdot dv - \int_{0}^{v_{gr}} v^2 \cdot e^{-n \cdot hv/kT_S} \cdot dv \right\} \;. \qquad (A1.3)$$

Mit der Substitution $\quad \xi_{gr} = \dfrac{n \cdot h v_{gr}}{kT_S} \quad$ folgt

$$I = \sum_{n=1}^{\infty} \left(\frac{kT_S}{n \cdot h}\right)^3 \cdot \left\{ \int_{0}^{\infty} \xi^2 \cdot e^{-\xi} \cdot d\xi - \int_{0}^{\xi_{gr}} \xi^2 \cdot e^{-\xi} \cdot d\xi \right\}$$

$$= \sum_{n=1}^{\infty} \left(\frac{kT_S}{n \cdot h}\right)^3 \cdot \left\{ 2 - e^{-\xi_{gr}} \cdot \left(-\xi_{gr}^2 - 2\xi_{gr} - 2\right) - 2 \right\} \qquad (A1.4)$$

$$I = \sum_{n=1}^{\infty} \left\{ \left(\frac{kT_S}{n \cdot h}\right)^3 \cdot e^{-\frac{n \cdot h v_{gr}}{kT_S}} \cdot \left[\left(\frac{n \cdot h v_{gr}}{kT_S}\right)^2 + 2 \cdot \left(\frac{n \cdot h v_{gr}}{kT_S}\right) + 2 \right] \right\}$$

$$I = v_{gr}^{3} \cdot \sum_{n=1}^{\infty} \left\{ \left(\frac{kT_S}{n \cdot hv_{gr}} \right) \cdot e^{-\frac{n \cdot hv_{gr}}{kT_S}} \right\} + 2 \cdot v_{gr}^{2} \cdot \sum_{n=1}^{\infty} \left\{ \left(\frac{kT_S}{n \cdot hv_{gr}} \right)^{2} \cdot e^{-\frac{n \cdot hv_{gr}}{kT_S}} \right\}$$

$$+ 2 \cdot v_{gr}^{3} \cdot \sum_{n=1}^{\infty} \left\{ \left(\frac{kT_S}{n \cdot hv_{gr}} \right)^{3} \cdot e^{-\frac{n \cdot hv_{gr}}{kT_S}} \right\} . \tag{A1.5}$$

Diese drei geometrischen Reihen können durch ihre Summenwerte näherungsweise ausgedrückt werden

$$I = v_{gr}^{3} \cdot \left(\frac{kT_S}{hv_{gr}} \right) \cdot \left[e^{\frac{hv_{gr}}{kT_S}} - \frac{1}{2} \right]^{-1} + 2 \cdot v_{gr}^{2} \cdot \left(\frac{kT_S}{hv_{gr}} \right)^{2} \cdot \left[e^{\frac{hv_{gr}}{kT_S}} - \frac{1}{4} \right]^{-1}$$

$$+ 2 \cdot v_{gr}^{3} \cdot \left(\frac{kT_S}{hv_{gr}} \right)^{3} \cdot \left[e^{\frac{hv_{gr}}{kT_S}} - \frac{1}{8} \right]^{-1} . \tag{A1.6}$$

Schließlich ergibt sich die Form

$$I = v_{gr}^{3} \cdot \frac{1}{x^{4}} \cdot G(x) \quad \text{mit } G(x) = \frac{x^{3}}{e^{x} - \frac{1}{2}} + \frac{2x^{2}}{e^{x} - \frac{1}{4}} + \frac{2x}{e^{x} - \frac{1}{8}} , \tag{A1.7}$$

wobei $x = \dfrac{hv_{gr}}{kT_S} = \dfrac{W_{gr}}{W_S}$ mit $\quad W_S(T_S = 5800\ K) = 0.50\ eV$ gilt.

A.2. Lösung der Diffusionsgleichung

Die Diffusionsgleichung der Elektronen in der Basis lautet

$$\frac{\partial^2 \, \Delta n(x)}{\partial x^2} - \frac{\Delta n(x)}{L_n^2} = -\frac{G_0(\lambda)}{D_n} \cdot e^{-\alpha(\lambda)\cdot(x+d_{em})} \ . \tag{A2.1}$$

Die Randbedingungen für ihre Lösung sind 1.) eine Anhebung der Ladungsträgerkonzentrationen um den BOLTZMANN-Faktor am Rand der Raumladungszone, wobei die Breite der Raumladungszone vernachlässigt werden darf, und 2.) die vollständige Umwandlung des Minoritätsträgerdiffusionsstromes in einen Rekombinationsstrom am rückwärtigen Ende des Bauelementes. Die zugehörigen mathematischen Formulierungen sind

$$\text{RB1:} \quad \lim_{w_p \to 0} \Delta n(x=w_p) = n_{p0}\left(e^{U/U_T} - 1\right) , \tag{A2.2a}$$

$$\text{RB2:} \quad j_{rek}(x=d_{ba}) = j_{n,diff}(x=d_{ba})$$

$$\Leftrightarrow \quad -q\cdot s_n \cdot \Delta n(x=d_{ba}) = q\cdot D_n \left.\frac{\partial \Delta n(x)}{\partial x}\right|_{x=d_{ba}} \tag{A2.2b}$$

$$\Leftrightarrow \quad -s_n \cdot \Delta n(x=d_{ba}) = D_n \left.\frac{\partial \Delta n(x)}{\partial x}\right|_{x=d_{ba}} \ .$$

Das negative Vorzeichen des Rekombinationsstromes berücksichtigt, daß die technische Stromrichtung den Transport positiver Ladung in x-Richtung mit positivem Vorzeichen verrechnet. Der Diffusionsstrom weist ein positives Vorzeichen auf, da die Elektronenkonzentration in x-Richtung wegen der Rekombination am Rückseitenkontakt abnimmt. Die allgemeine Lösung setzt sich aus der partikulären Lösung und der Lösung der homogenen Differentialgleichung zusammen

$$\Delta n(x) = \Delta n(x)^{allg.} = \Delta n(x)^{homogen} + \Delta n(x)^{partikulär} \ . \tag{A2.3}$$

Für die partikuläre Lösung wählt man den Ansatz

$$\Delta n(x)^{partikulär} = C_n \cdot e^{-\alpha(\lambda)\cdot(x+d_{em})} \ . \tag{A2.4}$$

Durch Differentiation und Einsetzen erhält man die partikuläre Lösung

$$\Delta n(x)^{partikulär} = \frac{G_o(\lambda)\,\tau_n}{1 - \alpha(\lambda)^2\,L_n^2} \cdot e^{-\alpha(\lambda)\cdot(x+d_{em})} \ . \tag{A2.5}$$

Der Lösungsansatz der homogenen DGL. wird mit Exponentialfunktionen formuliert

$$\Delta n(x)^{homogen} = C_1 \cdot e^{-x/L_n} + C_2 \cdot e^{x/L_n} \ . \tag{A2.6}$$

Somit lautet der Lösungsansatz für die allgemeine DGL.

$$\Delta n(x) = C_1 \cdot e^{-x/L_n} + C_2 \cdot e^{x/L_n} + \frac{G_o(\lambda)\,\tau_n}{1 - \alpha(\lambda)^2\,L_n^2} \cdot e^{-\alpha(\lambda)\cdot(x+d_{em})} \ . \tag{A2.7}$$

Die Konstanten C_1 und C_2 können durch Einsetzen in die Randbedingungen bestimmt werden. Die Randbedingung 1 liefert

$$C_1 + C_2 + \frac{G_o(\lambda)\,\tau_n}{1 - \alpha(\lambda)^2\,L_n^2} \cdot e^{-\alpha(\lambda)\cdot d_{em}} = n_{p0} \cdot \left(e^{U/U_T} - 1\right) \tag{A2.8a}$$

und Randbedingung 2 (mit $d_{SZ} = d_{em} + d_{ba}$)

$$s_n\,C_1\,e^{-d_{ba}/L_n} + s_n\,C_2\,e^{d_{ba}/L_n} + s_n\,\frac{G_o(\lambda)\,\tau_n}{1 - \alpha(\lambda)^2\,L_n^2} \cdot e^{-\alpha(\lambda)\cdot d_{SZ}}$$

$$= \frac{D_n}{L_n}\,C_1\,e^{-d_{ba}/L_n} - \frac{D_n}{L_n}\,C_2\,e^{d_{ba}/L_n} + D_n\,\alpha(\lambda)\frac{G_o(\lambda)\,\tau_n}{1 - \alpha(\lambda)^2\,L_n^2} \cdot e^{-\alpha(\lambda)\cdot d_{SZ}} \ . \tag{A2.8b}$$

Dies sind zwei Gleichungen mit zwei Unbekannten, die nach C_1 und C_2 aufgelöst werden können. Man erhält relativ umfangreiche Ausdrücke, die sich jeweils aus einem ersten spannungsabhängigen Term und einem zweiten von der Bestrahlungsstärke abhängigen Term zusammensetzen

$$C_1 = \frac{n_{p0}\left(\dfrac{D_n}{L_n} + s_n\right) \cdot e^{d_{ba}/L_n}\left(e^{U/U_T} - 1\right)}{\left(\dfrac{D_n}{L_n} + s_n\right)\cdot e^{d_{ba}/L_n} + \left(\dfrac{D_n}{L_n} - s_n\right)\cdot e^{-d_{ba}/L_n}}$$

$$+ \frac{G_0(\lambda)\,\tau_n}{1 - \alpha(\lambda)^2\,L_n^2} \cdot \frac{(s_n - D_n \cdot \alpha(\lambda))\cdot e^{-\alpha(\lambda)\cdot d_{SZ}} - \left(\dfrac{D_n}{L_n} + s_n\right)\cdot e^{d_{ba}/L_n - \alpha(\lambda)\cdot d_{em}}}{\left(\dfrac{D_n}{L_n} + s_n\right)\cdot e^{d_{ba}/L_n} + \left(\dfrac{D_n}{L_n} - s_n\right)\cdot e^{-d_{ba}/L_n}} \ ,$$

$$C_2 = \frac{n_{p0}\left(\dfrac{D_n}{L_n} - s_n\right) \cdot e^{-d_{ba}/L_n}\left(e^{U/U_T} - 1\right)}{\left(\dfrac{D_n}{L_n} + s_n\right)\cdot e^{d_{ba}/L_n} + \left(\dfrac{D_n}{L_n} - s_n\right)\cdot e^{-d_{ba}/L_n}}$$

$$+ \frac{G_0(\lambda)\,\tau_n}{1 - \alpha(\lambda)^2\,L_n^2} \cdot \frac{(D_n \cdot \alpha(\lambda) - s_n)\cdot e^{-\alpha(\lambda)\cdot d_{SZ}} - \left(\dfrac{D_n}{L_n} - s_n\right)\cdot e^{-d_{ba}/L_n - \alpha(\lambda)\cdot d_{em}}}{\left(\dfrac{D_n}{L_n} + s_n\right)\cdot e^{d_{ba}/L_n} + \left(\dfrac{D_n}{L_n} - s_n\right)\cdot e^{-d_{ba}/L_n}} \tag{A2.9}$$

Mit diesen Koeffizienten kann nun die Überschußelektronenkonzentration bestimmt werden. Dabei werden Exponentialfunktionen in hyperbolische Funktionen umgestellt

$$
\begin{aligned}
\Delta n(x) =\ & \frac{n_{p0}\left(\dfrac{D_n}{L_n} + s_n\right)\cdot\left(e^{U/U_T}-1\right)}{2\dfrac{D_n}{L_n}\cosh\dfrac{d_{ba}}{L_n} + 2s_n\sinh\dfrac{d_{ba}}{L_n}}\cdot e^{(d_{ba}-x)/L_n} \\[2ex]
& + \frac{n_{p0}\left(\dfrac{D_n}{L_n} - s_n\right)\cdot\left(e^{U/U_T}-1\right)}{2\dfrac{D_n}{L_n}\cosh\dfrac{d_{ba}}{L_n} + 2s_n\sinh\dfrac{d_{ba}}{L_n}}\cdot e^{-(d_{ba}-x)/L_n} \\[2ex]
& + \frac{G_0(\lambda)\,\tau_n}{1-\alpha(\lambda)^2\,L_n^2}\cdot\frac{\left(s_n - D_n\cdot\alpha(\lambda)\right)\cdot e^{-\alpha(\lambda)d_{SZ}} - \left(\dfrac{D_n}{L_n}+s_n\right)\cdot e^{d_{ba}/L_n-\alpha(\lambda)d_{em}}}{2\dfrac{D_n}{L_n}\cosh\dfrac{d_{ba}}{L_n} + 2s_n\sinh\dfrac{d_{ba}}{L_n}}\cdot e^{-x/L_n} \\[2ex]
& + \frac{G_0(\lambda)\,\tau_n}{1-\alpha(\lambda)^2\,L_n^2}\cdot\frac{\left(D_n\cdot\alpha(\lambda) - s_n\right)\cdot e^{-\alpha(\lambda)d_{SZ}} - \left(\dfrac{D_n}{L_n}-s_n\right)\cdot e^{-d_{ba}/L_n-\alpha(\lambda)d_{em}}}{2\dfrac{D_n}{L_n}\cosh\dfrac{d_{ba}}{L_n} + 2s_n\sinh\dfrac{d_{ba}}{L_n}}\cdot e^{x/L_n} \\[2ex]
& + \frac{G_0(\lambda)\,\tau_n}{1-\alpha(\lambda)^2\,L_n^2}\cdot e^{-\alpha(\lambda)\cdot(x+d_{em})}
\end{aligned}
\tag{A2.10}
$$

Nun wird konsequent zusammengefaßt

$$
\begin{aligned}
\Delta n(x) =\ & n_{p0}\left(e^{U/U_T}-1\right)\cdot\frac{\dfrac{D_n}{L_n}\cosh\dfrac{d_{ba}-x}{L_n} + s_n\sinh\dfrac{d_{ba}-x}{L_n}}{\dfrac{D_n}{L_n}\cosh\dfrac{d_{ba}}{L_n} + s_n\sinh\dfrac{d_{ba}}{L_n}} + \frac{G_0(\lambda)\,\tau_n}{1-\alpha(\lambda)^2\,L_n^2}\cdot e^{-\alpha(\lambda)d_{em}} \\[2ex]
& \cdot\left[e^{-\alpha(\lambda)x} + \frac{\left(D_n\cdot\alpha(\lambda)-s_n\right)\cdot e^{-\alpha(\lambda)d_{ba}}\cdot\sinh\dfrac{x}{L_n} - \dfrac{D_n}{L_n}\cosh\dfrac{d_{ba}-x}{L_n} - s_n\sinh\dfrac{d_{ba}-x}{L_n}}{\dfrac{D_n}{L_n}\cosh\dfrac{d_{ba}}{L_n} + s_n\sinh\dfrac{d_{ba}}{L_n}}\right]
\end{aligned}
\tag{A2.11}
$$

Mit diesem Ausdruck können wir in die Stromgleichung hineingehen. Wir bilden den Minoritätsträgerstrom an der Raumladungszonengrenze $x = w_p$. Die Raumladungszonenweite kann in guter Näherung vernachlässigt werden, so daß $x \to 0$ gilt:

$$j_{n,diff}(\lambda,U)\Big|_{x=0} = q D_n \frac{\partial \Delta n(x)}{\partial x}\Big|_{x=0} =$$

$$-q n_i^2 \frac{D_n}{L_n N_A}\left(e^{U/U_T} - 1\right) \cdot \frac{\dfrac{D_n}{L_n}\sinh\dfrac{d_{ba}}{L_n} + s_n \cosh\dfrac{d_{ba}}{L_n}}{\dfrac{D_n}{L_n}\cosh\dfrac{d_{ba}}{L_n} + s_n \sinh\dfrac{d_{ba}}{L_n}} + \frac{q L_n G_0(\lambda)}{1 - \alpha(\lambda)^2 L_n^2} \cdot e^{-\alpha(\lambda) d_{em}} \qquad (\text{A2.12})$$

$$\cdot\left[-\alpha(\lambda) L_n + \frac{(D_n \cdot \alpha(\lambda) - s_n)\cdot e^{-\alpha(\lambda) d_{ba}} + \dfrac{D_n}{L_n}\sinh\dfrac{d_{ba}}{L_n} + s_n \cosh\dfrac{d_{ba}}{L_n}}{\dfrac{D_n}{L_n}\cosh\dfrac{d_{ba}}{L_n} + s_n \sinh\dfrac{d_{ba}}{L_n}} \right].$$

A.3.   Das Standardspektrum AM1.5global

IEC-Spektrum Norm 904-3 (1989) Teil III , E_{total} = 100 mW/cm^2

λ / µm	E_λ / W/m^2/µm	λ / µm	E_λ / W/m^2/µm	λ / µm	E_λ / W/m^2/µm
0.3050	9.5	0.7400	1211.2	1.5200	262.6
0.3100	42.3	0.7525	1193.9	1.5390	274.2
0.3150	107.8	0.7575	1175.5	1.5580	275.0
0.3200	181.0	0.7625	643.1	1.5780	244.6
0.3250	246.8	0.7675	1030.7	1.5920	247.4
0.3300	395.3	0.7800	1131.1	1.6100	228.7
0.3350	390.1	0.8000	1081.6	1.6300	244.5
0.3400	435.3	0.8160	849.2	1.6460	234.8
0.3450	438.9	0.8237	785.0	1.6780	220.5
0.3500	483.7	0.8315	916.4	1.7400	171.5
0.3600	520.3	0.8400	959.9	1.8000	30.7
0.3700	666.2	0.8600	978.9	1.8600	2.0
0.3800	712.5	0.8800	933.2	1.9200	1.2
0.3900	720.7	0.9050	748.5	1.9600	21.2
0.4000	1013.1	0.9150	667.5	1.9850	91.1
0.4100	1158.2	0.9250	690.3	2.0050	26.8
0.4200	1184.0	0.9300	403.6	2.0350	99.5
0.4300	1071.9	0.9370	258.3	2.0650	60.4
0.4400	1302.0	0.9480	313.6	2.1000	89.1
0.4500	1526.0	0.9650	526.8	2.1480	82.2
0.4600	1599.6	0.9800	646.4	2.1980	71.5
0.4700	1581.0	0.9935	746.8	2.2700	70.2
0.4800	1628.3	1.0400	690.5	2.3600	62.0
0.4900	1539.2	1.0700	637.5	2.4500	21.2
0.5000	1548.7	1.1000	412.6	2.4940	18.5
0.5100	1586.5	1.1200	108.9	2.5370	3.2
0.5200	1484.9	1.1300	189.1	2.9410	4.4
0.5300	1572.4	1.1370	132.2	2.9730	7.6
0.5400	1550.7	1.1610	339.0	3.0050	6.5
0.5500	1561.5	1.1800	460.0	3.0560	3.2
0.5700	1501.5	1.2000	423.6	3.1320	5.4
0.5900	1395.5	1.2350	480.5	3.1560	19.4
0.6100	1485.3	1.2900	413.1	3.2040	1.3
0.6300	1434.1	1.3200	250.2	3.2450	3.2
0.6500	1419.9	1.3500	32.5	3.3170	13.1
0.6700	1392.3	1.3950	1.6	3.3440	3.2
0.6900	1130.0	1.4425	55.7	3.4500	13.3
0.7100	1316.7	1.4625	105.1	3.5730	11.9
0.7180	1010.3	1.4770	105.5	3.7650	9.8
0.7244	1043.2	1.4970	182.1	4.0450	7.5

Literaturverzeichnis

/2.1/ A. Goetzberger, Wittwer, *Sonnenenergie: Thermische Nutzung*, 3. Auflage (1993), und A. Goetzberger, B. Voß, J. Knobloch, *Sonnenenergie: Photovoltaik*, (1994), jeweils Teubner Studienbücher Physik, Stuttgart

/2.2/ CEI - IEC, Norm 904-3, Teil III (1989)

/2.3/ M. Collares-Pereira, A. Rabl, Solar Energy, 22 (1979), 155

/3.1/ M. L. Cohen, T.K. Bergstresser, Phys. Rev., 141 (1966), 789

/3.2/ H.G. Wagemann, *Halbleiter* in: Bergmann-Schäfer, *Lehrbuch der Experimentalphysik, Band 6, Festkörper*, de Gruyter, Berlin (1992)

/4.1/ W. Shockley, Bell Syst. Tech. J., 28 (1949), 435

/4.2/ P. Verlinden, F. Van de Wiele et al., Proc. 19th IEEE PV Spec. Conf., New Orleans (1987), 405

/4.3/ M.A. Green, Solar Cells, 7 (1982-1983), 337

/5.1/ H. Scheer, Dissertation, TU Berlin (1982)

/5.2/ G. Schumicki, P. Seegebrecht, *Prozeßtechnologie*, Springer-Verlag, Berlin (1991)

/5.3/ M.A. Green et al., Proc. 18th IEEE PV Spec. Conf., Las Vegas (1985), 39

/5.4/ M.A. Green et al., Proc. 19th IEEE PV Spec. Conf., New Orleans (1987), 49

/5.5/ M.A. Green et al., Proc. 20th IEEE PV Spec. Conf., New York (1990), 207

/5.6/ R.A. Sinton, R.M. Swanson, El. Dev. Lett., 7 (1986), 567

/5.7/ S. Kolodinski, J.H. Werner et al., Proc. 11th EC Solar Energy Conf., Montreux (1993), 53

/5.8/ M.A. Green, 12th EC Solar Energy Conference, Amsterdam (1994), im Druck

/5.9/ M.A. Green, Progress in Photovoltaics, 2 (1994),

/6.1/ M. Böhm, H.C. Scheer, H.G. Wagemann, Solar Cells, 13 (1984), 29

/6.2/ K.D. Rasch et al., Proc. 4th EC Solar Energy Conference, Stresa (1982), 919

/7.1/ H.C. Casey, M.B. Panish, *Heterostructure Lasers, Part B: Materials and Operating Characteristics*, Academic Press, New York (1978), 170

/7.2/ H.C. Casey et al., J. Appl. Phys., 44 (1973), 1281

/7.3/   E.D. Palik, *Handbook of Optical Constants of Solids*, Academic Press, Orlando, Fla. (1985)

/7.4/   D.E. Aspnes et al., J. Appl. Phys., <u>60</u> No. 2 (1986), 754

/7.5/   M. Nell, *Beryllium-Diffusion für GaAs-Solarzellen*, Dissertation, Fortschr.-Ber. VDI Reihe 6, Nr.267, Düsseldorf (1992)

/7.6/   W. v. Münch, *Technologie der GaAs-Bauelemente*, Springer, Berlin (1969), 26

/7.7/   I. Ruge, *Halbleiter-Technologie*, Springer, Berlin (1984)

/7.8/   B. Reinicke, Bericht zum DFG-Forschungsvorhaben Wa 469/6-1, Berlin (1990)

/7.9/   S.P. Tobin, Trans. El. Dev., <u>37</u> No. 2 (1990), 469

/8.1/   R.A. Street, *Hydrogenated Amorphous Silicon*, Cambridge (1991), 5

/8.2/   S.R. Elliott, *Physics of Amorphous Materials*, Longman, New York (1983), 207

/8.3/   W.E. Spears et al., Topics in Appl. Phys., <u>55</u> (1984)

/8.4/   R.S. Crandall, J. Appl. Phys., <u>53</u> (1982), 3350

/8.5/   J. Bruns, S. Gall, H.G. Wagemann, J. of Non-Cryst. Solids, <u>137/138</u> (1991), 1193

/8.6/   H. Pfleiderer et al., Proc. 20th IEEE PV Spec. Conf., Las Vegas (1988), 120

/8.7/   Firmenunterlagen CHRONAR Corp., Princeton (USA) (1986)

/8.8/   K. Maruyama et. al., Proc. 18th IEEE PV Spec. Conf., Las Vegas (1985), 883

/9.1/   W.H. Bloss, F. Pfisterer, *Photovoltaische Systeme - Energiebilanz und CO2-Reduktionspotential*, VDI-Ber. 942 (1992), 71

/9.2/   H. Scheer, *Sonnenstrategie*, Piper, München (1993)

/9.3/   K. Jaeger, R. Hezel, Proc. 19th IEEE PV Spec. Conf., New Orleans (1987), 388

/9.4/   K.W. Mitchell et al., IEEE Trans. Elec. Dev., <u>37</u> No. 2 (1990), 410

/9.5/   M. Tanaka et al., Progress in Photovoltaics, <u>1</u> No. 2 (1993), 85

/9.6/   J.D. Levine et al., Proc. 22nd IEEE PV Spec. Conf., Las Vegas (1991), 1045 und E. Graf, *Spheral Solar Technology*, Texas Instruments (1994)

/9.7/   N. Vlachopoulos et. al., J. Amer. Chem. Soc., (1988), 1216

/9.8/   M. Graetzel et al., Scientific American, (1992), 117

/10.1/   G. Hagedorn, Proc. 9th EC Solar Energy Conference, Freiburg (1989), 542

Absorption 18, 91
Absorptionskoeffizient 19, 21, 49, 93
AlGaAs-Fensterschicht 31, 89
Aluminium-Gegenstromverfahren 69
amorphes Silizium 102
AM1,5 8, 27, 139
Anisotropie-Ätzen 66
Antireflexionsschicht (ARC) 32,94
Auslaugprozeß 69
back surface field (BSF) 63
Band-Band-Übergang 13
Bandlückenzustände 106
Barometrische Höhengleichung 8
Bestrahlungsstärke 18,20
Beweglichkeit 22
Beweglichkeitslücke 105
bifacial sensitivity 127
Bolometer 11
BOLTZMANN-Faktor 36,135
Brechungsindex 31, 91
BRIDGMAN-Verfahren 96
CIS 128
CZOCHRALSKI-Verfahren 61
CZ-Silizium 61, 69
dangling bond 73, 107
DEMBER-Solarzelle 29
Diffusionsgleichung 24, 37, 78, 135
Diffusionskoeffizient 22
Diffusionslänge 23
DIN 5031 16
DOS-Zustände 109
Dunkelstrom 37, 46, 110
Eigenleitungsdichte 13, 58
Eigenschaften von
  Elektronen und Löchern 28
Eigenwertproblem 79
EINSTEIN-Beziehung 22
elektrochemische Solarzelle 131
Elektronengas 13
Energiebänder-Modell 13
Energiewandlungs-Wirkungsgrad 44, 60, 94
epitaktische Abscheidung 98
Ersatzschaltbild 45
Extinktionskoeffizient 91
FERMI-Energie 13
Fernordnung 102
floating zone 61
Flüssigphasen-Epitaxie 94, 98
fraktionierte Destillation 69
framing 124
Füllfaktor 44, 60
FZ-Silizium 61,69
Galliumarsenid 89
gap states 103

Gasphasen-Epitaxie 94
Gattersäge 71
grain-boundary-Zustände 73
Generationsrate 20
Generator-Kennlinie 46, 101
Gesamtphotostromdichte 41
Gesamtstromdichte, integrale 44, 84
Gitteranpassung 89
Globalstrahlung 10
Grenzwirkungsgrad 15, 17, 133
Haftstellen 22
Halbleiter, direkte und indirekte 14, 89
Halbleiter-Diode 33
HEISENBERGsche Unschärfe-Relation 104
Herstellungsverfahren 63, 69, 86, 99, 119
Hochleistungs-Solarzellen 65
hopping-Prozesse 104
Indium-Zinkoxid (ITO) 120
Inversions-Randschicht 73
Jahressumme 11
Kokillenguß-Verfahren 70
kolumnar 71
Kontakt-Rekombination 26
Kontinuitätsgleichungen 22
Koordinationsdefekt 103
Korngrenze 70
Korngrenzen-Passivierung 87
Korngrenzen-
  Rekombinationsgeschwindigkeit 75, 83
Kristallzüchtung 61, 96
Kugelelement-Solarzelle 130
Kurvenfaktor 44
Kurzschlußstrom 34
LAMBERT-BEER-Gesetz 19
Lebensdauer 22
LEC-Technik 96
Leerlaufspannung 34, 60
light trapping 65
LPE 94
Luftmasse AMx 8
Meridianhöhe 9
MGS-Material 69
MIS-Solarzelle 127
mittlere Eindringtiefe des Lichtes 19, 49, 89
Molekularstrahl-Epitaxie 94
Monochromator 50
Nahordnung 102
Neutralitätsbedingung 105
Niedrig-Injektion 24, 28, 77
numerische Simulation 23
Oberflächenrekombinations-
  geschwindigkeit 26, 37, 65, 89
optimaler Arbeitspunkt 44
optimierte c-Si-Solarzelle 59

Parallelwiderstand	46
patterning	124
PLANCKsches Strahlungsgesetz	6
Phasendiagramm	96
Phasengrenz-Zustände	73
Phononen	13
Photodiode	11
photoelektrisches Profil	26
Photokathode	11
Photonenstrom	19, 20
Photostrom	49, 59
photovoltaische Energiewandlung	13
Photowiderstand	11
pin-Bauelement	29, 110
POISSON-Gleichung	22
polykristalline Si-Solarzellen	69
primärer Photostrom	119
Pyranometer	11
pyroelektrischer Detektor	11
Quantendetektor	11
Quantensammelwirkungsgrad	42
Quantenwandlungswirkungsgrad	19
quasi-direkter Halbleiter	104
Quasi-Fermi-Energie	36, 75
Quasi-Neutralität	24, 77
quenching	61
Randwertproblem	77
Raumfahrtsolarzelle	63
Raumladungsrekombination	90
Referenzsolarzelle	12, 50
Reflexfalle	31
Reflexionsverluste	31, 56
regionale Approximation	114
Rekombinationszentren	22
relative spektrale Empfindlichkeit	52
ReSitAl-Verfahren	73, 86
Rückseitenfeld	63
SCHOTTKY-Kontakt	21
Schwarzer Strahler	4
SeGS-Material	69
sekundärer Photostrom	119
SEMIX-Verfahren	73, 86
Separationsansatz nach BERNOULLI	79
Serienschaltung von a-Si:H-Solarzellen	121
Serienwiderstand	45
Shockley-Modell	33, 34, 45
Siebdruck	86, 87, 124
Silan-Verfahren	69
silicon upgrading	130
SILSO-Verfahren	73, 86
Sinter-Verfahren	69
Skalenhöhe	8
Solarkonstante	5
Solarsimulator	101
Solarzellen-Konzepte, alternative	127
spektrale Empfindlichkeit	42, 47, 50, 52, 82
Spektrum, globales und direktes	6
STAEBLER-WRONSKI-Effekt	107, 123
Standardspektrum	43
Stapel-Solarzellen	123
Stationarität	24
STEFAN-BOLTZMANN-Gesetz	4, 16
Störstellendotierung	13
Strahldichte	20
Strahlung, global, direkt, diffus	10
Strahlungsleistungsdichte	18, 20
Strahlungsquelle Sonne	4
Strahlungstest	63, 99
Strang-Zieh-Verfahren	69
Streuung, elastisch, unelastisch	6
striations	61
Stromgleichungen	22
Superpositionsprinzip	33, 77, 110
tail states	103
Tandem-Solarzellen	123
Temperaturkoeffizient	57, 59
Temperaturverhalten	57
terrestrische Solarstrahlung	6
Texturierung	65
thermischer Detektor	11
Thermosäule	11
thin conducting oxide (TCO)	120
Tiegelziehen	61, 96
traps	22
Verarmungsrandschicht	73
Verteilungskoeffizient	71, 130
Wasserstoff-Passivierung	75, 107
Zonenziehen	61
Zwei-Dioden-Ersatzschaltbild	45

Goetzberger/ Wittwer
Sonnenenergie

Thermische Nutzung

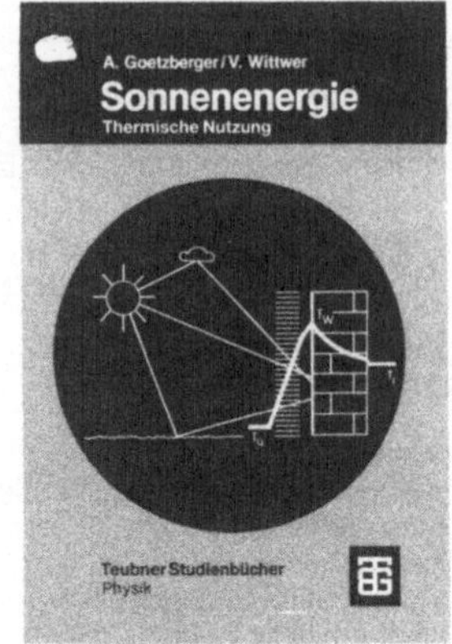

Wegen der absehbaren Erschöpfung fossiler Energieträger steht die Menschheit vor einem Wechsel ihrer Primärenergiequellen. Ohne Umweltgefahren und ohne nennenswerten Einfluß auf die globale Energiebilanz der Erde, stellt die Sonnenenergie langfristig die einzige bedeutende, unerschöpfliche Primärenergie dar.

Obwohl das Potential der Sonnenenergie bereits seit Jahrmillionen zur Verfügung steht, bereitet der Einsatz der Sonnenenergie noch große Probleme. Dies liegt zum einen an der heute noch relativ guten Verfügbarkeit nicht regenerativer Energiequellen, die ohne Berücksichtigung der durch sie verursachten Umweltbelastungen billig auf den Markt gebracht werden; zum anderen an der noch nicht ausreichenden Material- und Systementwicklung im Bereich der Solarenergienutzung.

In diesem Buch wird zunächst das Potential und die Verfügbarkeit der Sonnenenergie aufgezeigt. Nach einem kurzen Rückblick in die physikalischen Grundlagen wird der aktuelle Stand auf dem Gebiet der Materialentwicklung angegeben und das Zukunftspotential angedeutet.

Möglichkeiten der thermischen Nutzung werden für die zwei Hauptanwendungen, nämlich Kollektoren und die passive Solarenergienutzung, beschrieben.

Von Prof. Dr.
Adolf Goetzberger und
Dr. **Volker Wittwer,**
Fraunhofer-Institut für
Solare Energiesysteme,
Freiburg

3., überarbeitete und
erweiterte Auflage.
1993. 231 Seiten mit
126 Bildern und 30 Tabellen.
13,7 x 20,5 cm.
Kart. DM 32,–
ÖS 250,– / SFr 32,–
ISBN 3-519-23081-X

(Teubner Studienbücher)

Preisänderungen vorbehalten.

Neben den Problemen der Wirtschaftlichkeit wird anhand von konkreten Beispielen aus der Praxis auf systemtechnische Probleme eingegangen.

B.G. Teubner Stuttgart

Goetzberger/Voß/ Knobloch

Sonnenenergie: Photovoltaik

Physik und Technologie der Solarzelle

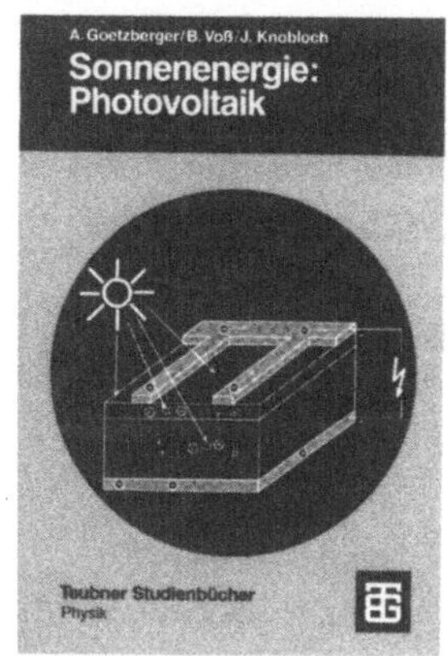

Das verschärfte Umweltbewußtsein und die Einsicht, daß die heutigen Energiequellen begrenzt sind, lassen es immer dringender erscheinen, die Sonnenenergie zu nutzen. Wohl die eleganteste Form ist die direkte Umwandlung von Sonnenstrahlung in elektrische Energie mittels Solarzellen. Dieses Buch wendet sich an Studenten der Naturwissenschaft und Technik, sowie an das Fachpersonal in Forschung, Entwicklung und Produktion von Solarzellen. Es sollen hier die Grundlagen vermittelt werden, und zwar im wesentlichen an Hand der Solarzellen aus kristallinem Silizium. Zu Beginn werden die Grundlagen der Halbleiterphysik, sowie die spezielle Theorie von Solarzellen aufgezeigt. In einem besonderen Abschnitt werden an Hand der Sensitivitätsanalyse und Optimierung der entsprechenden Technologien die Wege aufgezeigt zu hohen Wirkungsgraden, denn der hohe Wirkungsgrad in Solarzellen ist ein entscheidender Beitrag zur Kostenreduktion von Photovoltaic-Anlagen. In den letzten Kapiteln geht das Buch kurz auf Solarzellen aus anderen Grundmaterialien ein, sowie auf Meßverfahren und Systemanwendungen.

Von Prof.-Dr.
Adolf Goetzberger,
Dipl.-Phys.
Bernhard Voß,
Dr. **Joachim Knobloch,**
Fraunhofer Institut für
Solare Energiesysteme,
Freiburg

1994. 234 Seiten
mit 124 Bildern.
13,7 x 20,5 cm.
Kart. DM 32,–
ÖS 250,– / SFr 32,–
ISBN 3-519-03214-7

Preisänderungen vorbehalten.

Aus dem Inhalt:

Halbleiterphysik – Generation und Rekombination von Ladungsträgern – Leitfähigkeit – Theorie der Solarzelle – Technologie wie Diffusion, Metallisierung, Antireflextechnik – Solarzellen aus amorphem Silizium und Verbindungshalbleitern – Systemanwendung in der Haustechnik wie bei Kleingeräten

B. G. Teubner Stuttgart

Heinloth
Energie und Umwelt

Klimaverträgliche Nutzung von Energie

Jede Nutzung von Technik und Energie hat bestimmte Schadensrisiken oder sogar Schäden zur Folge. Technologischer Fortschritt führte bisher meist auch zur Ausweitung entsprechender Risiken. Ein Verzicht auf weitere technische Entwicklung hätte – bei der heutigen Erdbevölkerung – jedoch weitaus schlimmere Folgen.

Deshalb muß es die Aufgabe des Menschen sein, Technik und Energie so nutzen zu lernen, daß die daraus unvermeidlich erwachsenden Risiken und Schäden minimal sind. Dies erreichen wir nicht durch Verzicht auf die Technik, sondern durch deren intelligente Nutzung.

Ziel dieses Buches ist es, den Problemkreis Energienutzung und Umweltbelastung – aus der Sicht eines Naturwissenschaftlers – möglichst vollständig darzustellen. Es vermittelt alle relevanten Informationen, qualitativ und quantitativ, aber ohne mathematische Formalismen. So ist es einerseits als Lehrbuch geeignet und bietet andererseits einen allgemeinverständlichen Überblick für alle Interessierten.

Der Autor, Professor für Physik an der Universität Bonn, befaßt sich als Mitglied verschiedener nationaler und internationaler Fachgremien seit Jahren mit dem Thema Energie und Umwelt.

Von Prof. Dr.
Klaus Heinloth,
Universität Bonn

1993. XVI, 253 Seiten.
16 x 23 cm.
Kart. DM 38,–
ÖS 297,– / SFr 35,–
ISBN 3-519-03657-6

Koprod. vdf
Hochschulverlag AG
an der ETH Zürich
B. G. Teubner, Stuttgart

Preisänderungen vorbehalten.

B. G. Teubner Stuttgart